안쌤과 함께하는

신나는
수학
방탈출

이 책을 펴내며…

방탈출이란 도서명을 보고 많은 분이 '재미있겠다'라는
반응을 보입니다. 그러나 미션 문제들을 보면
'이게 방탈출이야? 내가 알고 있는 방탈출과는
좀 다른데…'라는 반응을 보입니다. 그런 생각도 잠시,
나도 모르게 미션 제목과 함께 미션 지문을 읽으며
'답이 무엇일까?'라는 추리 본능에 사로잡혀 어느 순간
문제를 풀고 힌트를 보며 내가 구한 답이 맞는지
확인하는 모습을 볼 수 있습니다.

이 도서는 방을 탈출하기 위해 미션을
해결하고 싶은 사람들의 추리 욕구를 해소할 수 있습니다.

화려한 디자인으로 방을 꾸미는 것보다 흥미로운 미션 문제에 초점을 두었습니다.

방탈출 미션 문제들은 영재교육원을 준비하는 학생들을 위해
영재교육원에서 자주 출제되는 창의적 문제해결력 검사,
융합사고력 문제 유형으로 구성했습니다.

미션을 해결하다 보면
수리탐구력, 융합사고력, 창의적 문제해결력이 길러지고
자연스럽게 영재교육원 대비가 될 수 있습니다.
뇌섹남, 뇌섹녀를 위한 방탈출 추리 미션 도서로
많은 분이 방탈출 미션을 재미있고
신나게 해결하길 바랍니다.

이 책의 구성

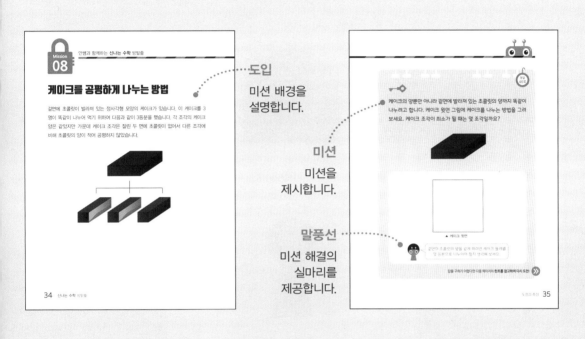

도입
미션 배경을
설명합니다.

미션
미션을
제시합니다.

말풍선
미션 해결의
실마리를
제공합니다.

Mission 08
안쌤과 함께하는 신나는 수학 방탈출

케이크를 공평하게 나누는 방법

겉면에 초콜릿이 발라져 있는 정사각형 모양의 케이크가 있습니다. 이 케이크를 3명이 똑같이 나누어 먹기 위하여 다음과 같이 3등분을 했습니다. 각 조각의 케이크 양은 같았지만 가운데 케이크 조각은 잘린 두 면에 초콜릿이 없어서 다른 조각에 비해 초콜릿의 양이 적어 공평하지 않았습니다.

34 신나는 수학 방탈출

케이크의 양뿐만 아니라 겉면에 발라져 있는 초콜릿의 양까지 똑같이 나누려고 합니다. 케이크 윗면 그림에 케이크를 나누는 방법을 그려 보세요. 케이크 조각이 최소가 될 때는 몇 조각일까요?

▲ 케이크 윗면

같은만큼 초콜릿의 양을 같게 하려면 케이크를 몇 등분으로 나누어야 할지 생각해 보세요.

답을 구하기 어렵다면 다음 페이지의 힌트를 참고하여 다시 보세요

노원구 추천 35

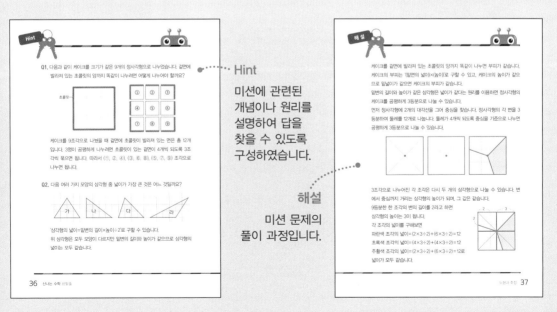

Hint
미션에 관련된
개념이나 원리를
설명하여 답을
찾을 수 있도록
구성하였습니다.

해설
미션 문제의
풀이 과정입니다.

Hint

Q1. 다음과 같이 케이크를 크기가 같은 9개의 정사각형으로 나누었습니다. 겉면에 발라져 있는 초콜릿의 양까지 똑같이 나누려면 어떻게 나누어야 할까요?

케이크를 9조각으로 나눴을 때 겉면에 초콜릿이 발라져 있는 면은 총 12개입니다. 3명이 공평하게 나누려면 초콜릿이 있는 겉면이 4개씩 되도록 3조각씩 묶으면 됩니다. 따라서 (①, ②, ④), (③, ⑥, ⑨), (⑤, ⑦, ⑧) 조각으로 나누면 됩니다.

Q2. 다음 여러 가지 모양의 삼각형 중 넓이가 가장 큰 것은 어느 것일까요?

가 나 다 라

'삼각형의 넓이는 밑변의 길이×높이÷2'로 구할 수 있습니다.
위 삼각형은 모두 모양이 다르지만 밑변의 길이와 높이가 같으므로 삼각형의 넓이는 모두 같습니다.

36 신나는 수학 방탈출

해설

케이크 겉면에 발라져 있는 초콜릿의 양까지 똑같이 나누면 부피도 같습니다. 케이크의 부피는 '(밑면의 넓이)×(높이)'로 구할 수 있고, 케이크의 높이가 같으므로 밑면의 넓이가 같으면 케이크의 부피가 같습니다.
밑면의 길이와 높이가 같은 삼각형은 넓이가 같다는 원리를 이용하면 정사각형의 케이크를 공평하게 3등분으로 나눌 수 있습니다.
먼저 정사각형에 2개의 대각선을 그어 중심을 찾습니다. 정사각형의 각 변을 3등분하여 둘레를 12로 나눕니다. 둘레가 4개씩 되도록 중심을 기준으로 나누면 공평하게 3등분으로 나눌 수 있습니다.

3조각으로 나누어진 각 조각은 다시 두 개의 삼각형으로 나눌 수 있습니다. 변에서 중심까지 거리는 삼각형의 높이가 되며, 그 값은 같습니다.
9등분한 한 조각의 변의 길이를 2라고 하면 삼각형의 높이는 3이 됩니다.
각 조각의 넓이를 구해보면
파란색 조각의 넓이=(2×3÷2)+(6×3÷2)=12
초록색 조각의 넓이=(4×3÷2)+(4×3÷2)=12
주황색 조각의 넓이=(2×3÷2)+(6×3÷2)=12로
넓이가 모두 같습니다.

노원구 추천 37

Welcome!

도형과 측정

01 칠교놀이 조각의 관계

02 서로 다른 사각형의 개수

03 폴리오미노의 모양

04 필요한 쌓기나무 개수

05 주사위 눈의 합

06 스프링클러에서 떨어지는 물의 양

07 창문에 붙일 시트지

08 케이크를 공평하게 나누는 방법

09 코딩봇의 출발점

10 옮겨야 하는 성냥개비

ENTER THE ESCAPE ROOM

칠교놀이 조각의 관계

칠교놀이는 큰 정사각형을 정사각형 1개, 평행사변형 1개, 큰 직각삼각형 2개, 중간 직각삼각형 1개, 작은 직각삼각형 2개로 나눈 후 7개의 조각을 모두 이용하여 여러 가지 동물, 물건, 문자 등의 모양을 만드는 놀이입니다. 7개의 칠교 조각은 각각 변의 길이와 넓이가 일정한 비로 이루어져 있습니다.

칠교놀이는 약 5,000년 전 중국에서 시작되어 우리나라에 전파되었고 지금까지도 전해 내려오는 전통 놀이입니다. 미국과 유럽에서는 탱그램(tangram)이라고 불립니다.

정답
46쪽

칠교 조각으로 집 모양을 만들었습니다. 만약 집 모양을 조각 ㉠으로 빈틈없이 덮는다면 몇 조각이 필요할까요?

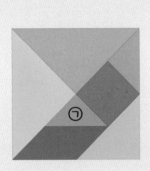

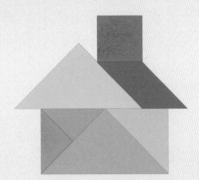

 각 칠교 조각의 크기를 비교해 보세요.

답을 구하기 어렵다면 다음 페이지의 **힌트를 참고하여 다시 도전!**

모양과 크기가 모두 같아서 완전히 포개어지는 도형을 합동이라고
합니다. 칠교 조각을 이용하면 합동인 도형을 만들 수 있습니다.

Q1. 여러 개의 칠교 조각으로 아래 큰 직각삼각형 조각과 합동인 도형을 만들어
보세요.

Q2. 여러 개의 칠교 조각으로 아래 사다리꼴과 합동인 도형을 만들어 보세요.

Q3. 여러 개의 칠교 조각으로 아래 정사각형과 합동인 도형을 만들어 보세요.

칠교 조각의

큰 직각삼각형은 작은 직각삼각형 4개의 크기와 같고,

중간 직각삼각형은 작은 직각삼각형 2개의 크기와 같고,

평행사변형은 작은 직각삼각형 2개의 크기와 같고,

정사각형은 작은 직각삼각형 2개의 크기와 같습니다.

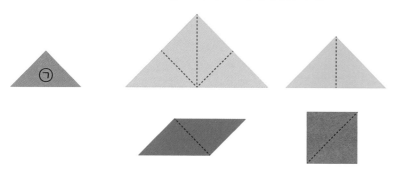

따라서 칠교 조각 7개로

만든 집 모양을

작은 직각삼각형인 조각 ㉠으로만

덮는다면 16개가 필요합니다.

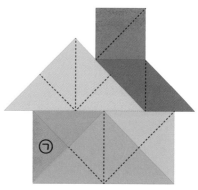

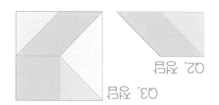

03. 정답

02. 정답

01. 정답

서로 다른 사각형의 개수

사각형은 네 개의 선분과 네 개의 꼭짓점으로 이루어진 다각형입니다. 도형의 일부가 끊겨 있거나, 선분이 서로 교차하거나, 선분이 아닌 곡선이 있으면 사각형이 아닙니다.

▲ 사각형인 것　　　　　　　　　　▲ 사각형이 아닌 것

사각형은 각의 크기와 변의 길이 및 특성에 따라 종류가 나누어집니다.

① 마주보는 한 쌍의 변이 서로 평행인 사각형 ➡ 사다리꼴

② 두 쌍의 변이 서로 평행인 사각형 ➡ 평행사변형

③ 각의 크기와 상관없이 네 변의 길이가 모두 같은 사각형 ➡ 마름모

④ 네 각이 모두 직각인 사각형 ➡ 직사각형

⑤ 네 각의 크기와 네 변의 길이가 모두 같은 사각형 ➡ 정사각형

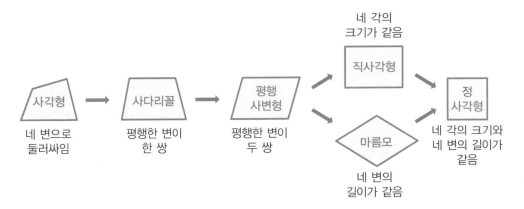

정답
46쪽

다음 그림과 같은 모양의 도형에서 찾을 수 있는 크고 작은 정사각형과 직사각형 개수의 합은 얼마일까요?

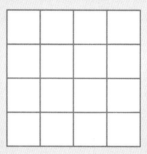

정사각형과 직사각형을 만드는 데 사용된
작은 사각형을 개수 별로 찾아보세요.

답을 구하기 어렵다면 다음 페이지의 **힌트**를 **참고하여 다시 도전!**

Q1. 다음 각 도형에서 찾을 수 있는 크고 작은 정사각형의 개수는 몇 개일까요?

(1×1) → 1개 → 1×1
총 개수=(1×1)
  =1(개)

(1×1) → 4개 → 2×2
(2×2) → 1개 → 1×1
총 개수=(2×2)+(1×1)
  =5(개)

(1×1) → 9개 → 3×3
(2×2) → 4개 → 2×2
(3×3) → 1개 → 1×1
총 개수=(3×3)+(2×2)+(1×1)
  =14(개)

작은 정사각형 (□×□)개로 이루어진 도형에서 찾을 수 있는 크고 작은 정사각형의 개수는

'**(□×□)+{(□-1)×(□-1)}+{(□-2)×(□-2)}+…+(1×1)**'로 구할 수 있습니다.

Q2. 다음 도형에서 찾을 수 있는 크고 작은 직사각형의 개수는 몇 개일까요?

〈가로 한 줄〉
(1×1) → 3개
(1×2) → 2개
(1×3) → 1개
총 개수=3+2+1=6(개)

〈세로 한 줄〉
(1×1) → 2개
(2×1) → 1개
총 개수=2+1=3(개)
〈직사각형의 총 개수〉 6×3=18(개)

작은 정사각형으로 이루어진 도형에서 찾을 수 있는 크고 작은 직사각형의 개수는

'**가로 한 줄에서 찾을 수 있는 직사각형의 개수**
×세로 한 줄에서 찾을 수 있는 직사각형의 개수'로 구할 수 있습니다.

작은 정사각형 (4×4)개로 이루어진 도형에서 찾을 수 있는

크고 작은 정사각형의 개수는

$(4×4)+(3×3)+(2×2)+(1×1)=30$(개)입니다.

정사각형을 만드는 데 사용된 조각은 1개, 4개, 9개, 16개입니다.

작은 정사각형 1개를 이용한 경우 : 16개

작은 정사각형 4개를 이용한 경우 : 9개

작은 정사각형 9개를 이용한 경우 : 4개

작은 정사각형 16개를 이용한 경우 : 1개

찾을 수 있는 정사각형의 개수는 $16+9+4+1=30$(개)입니다.

작은 정사각형 (4×4)개로 이루어진 도형에서

찾을 수 있는 크고 작은 직사각형의 총 개수는

가로 한 줄에서 찾을 수 있는 직사각형의 개수 : $4+3+2+1=10$(개)

세로 한 줄에서 찾을 수 있는 직사각형의 개수 : $4+3+2+1=10$(개)

$10×10=100$(개)입니다.

따라서 작은 정사각형 (4×4)개로 이루어진 도형에서

찾을 수 있는 정사각형과 직사각형 개수의 합은 $30+100=130$(개)입니다.

폴리오미노의 모양

폴리오미노는 여러 개를 의미하는 그리스어 폴리(poly)와 조각을 의미하는 그리스어 미노(mino)가 합쳐진 말로, 크기가 같은 정사각형들을 변이 맞닿게 붙여 하나로 이어 만든 평면도형입니다. 정사각형 1개로 이루어진 것은 모노미노, 정사각형 2개로 이루어진 것은 도미노, 정사각형 3개로 이루어진 것은 트리미노라고 합니다. 모노미노와 도미노는 1가지 모양이 있고, 트리미노는 2가지 모양이 있습니다. 이때 돌리거나 뒤집었을 때 같은 모양이 되면 같은 것으로 생각합니다.

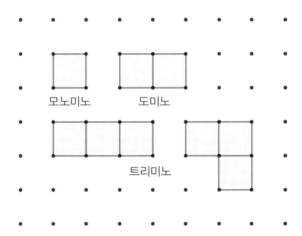

폴리오미노 중에서 가장 유명한 것은 펜토미노로, 5개의 정사각형을 이어붙여 만든 퍼즐 조각으로 여러 가지 모양을 만드는 놀이입니다.

정답
46쪽

정사각형 5개를 이어붙여 만들 수 있는 서로 다른 펜토미노의 평면
퍼즐 조각의 모양은 모두 몇 개일까요?

정사각형 5개를 이어붙여
서로 다른 모양의 퍼즐 조각을 만들어 보세요.

답을 구하기 어렵다면 다음 페이지의 **힌트를 참고하여 다시 도전!**

Q1. 테트리스 게임은 4개의 정사각형을 이어붙여 만든 테트로미노를 이용합니다. 서로 다른 테트로미노의 평면 퍼즐 조각의 모양은 모두 몇 개일까요?

5개입니다.

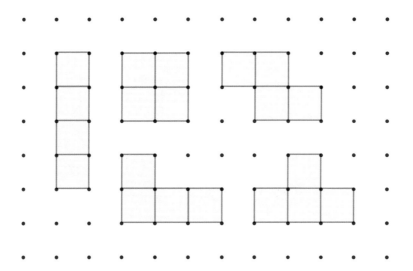

Q2. 정육면체를 이용하면 테트로미노를 입체도형으로 만들 수 있습니다. 서로 다른 테트로미노의 입체 퍼즐 조각의 모양은 모두 몇 개일까요?

3개입니다.

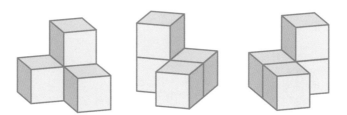

정사각형 5개를 이어붙여 만들 수 있는 서로 다른 펜토미노의 평면 퍼즐 조각의
모양은 모두 12개입니다.

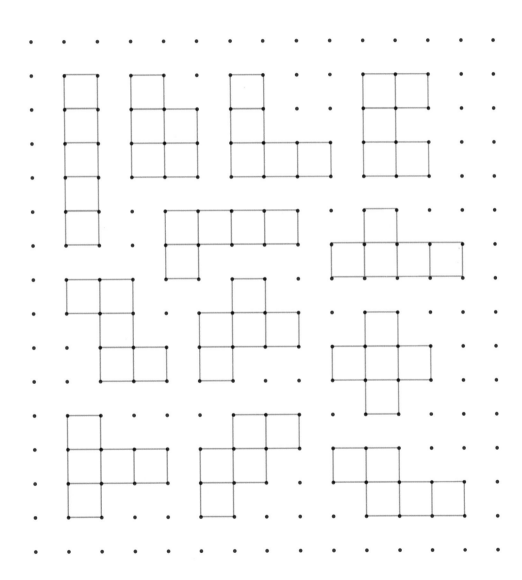

필요한 쌓기나무 개수

쌓기나무는 정육면체 모양의 입체도형입니다. 쌓기나무를 위, 앞, 옆으로 쌓아 올리면 여러 가지 입체 모양을 만들 수 있습니다.

쌓기나무는 같은 개수로 같은 모양을 여러 형태로 만들 수 있습니다. 다음 3개의 모양은 쌓기나무 6개로 만든 것입니다. 모두 다른 모양처럼 보이지만 회전하면 같은 모양입니다.

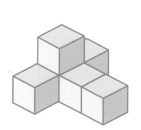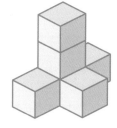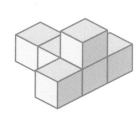

▲ 쌓기나무 6개로 만든 서로 다른 모양

쌓기나무를 위, 앞, 옆에서 본 모양으로 그려보면 위에서 본 모양으로는 1층의 모양을 알 수 있습니다. 앞에서 본 모양과 옆에서 본 모양은 각 방향에서 각 줄의 가장 높은 층의 모양과 같습니다.

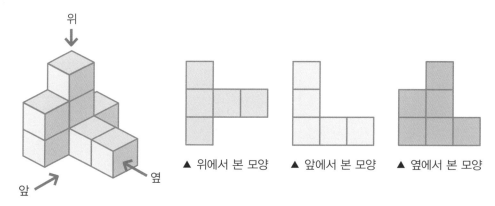

▲ 위에서 본 모양   ▲ 앞에서 본 모양   ▲ 옆에서 본 모양

정답
46쪽

다음 쌓기나무 모양에 쌓기나무를 더 쌓아 가장 작은 정육면체 모양을 만들려고 합니다. 더 필요한 쌓기나무의 개수는 몇 개일까요? (단, 쌓기나무를 공중에 띄울 수 없고, 쌓기나무 사이에 빈틈은 없습니다.)

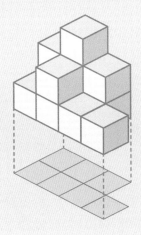

 만들 수 있는 정육면체의 가로줄과 세로줄에 위치한 쌓기나무 개수를 생각해 보세요.

답을 구하기 어렵다면 다음 페이지의 **힌트를 참고하여 다시 도전!**

Q1. 아래와 같은 모양을 만들려면 쌓기나무가 몇 개 필요할까요?

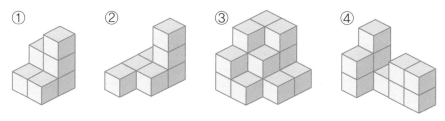

① ② ③ ④

①은 7개, ②는 7개, ③은 16개, ④는 10개가 필요합니다.

Q2. 위, 아래, 옆에서 본 모습이 아래와 같은 모양을 만들려면 쌓기나무가 최소
몇 개 필요할까요?

▲ 위에서 본 모양　　▲ 앞에서 본 모양　　▲ 옆에서 본 모양

위에서 본 모양으로 1층 모양을 알 수 있습니다. 앞에서 본 모양과 옆에서
본 모양에서 가운뎃줄이 3층이므로 쌓기나무가 3개 있다는 것을 알 수 있
습니다. 빨간색 표시가 있는 곳에 쌓기나무 3개를 더 놓으면 최소 개수인 11
개로 주어진 모양을 만들 수 있습니다. 초록색 표시가 있는 곳에 쌓기나무
2개를 더 놓으면 최대 13개로 주어진 모양을 만들 수 있습니다.

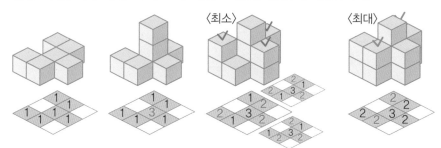

〈최소〉　　　〈최대〉

주어진 모양은

1층 : 7개

2층 : 4개

3층 : 1개

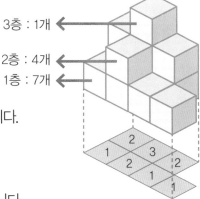

3층 : 1개

2층 : 4개

1층 : 7개

총 7+4+1=12(개)의 쌓기나무로 이루어졌습니다.

여기에 쌓기나무를 더 쌓아 만들 수 있는

가장 작은 정육면체는

한 모서리가 쌓기나무 4개로 이루어진 모양입니다.

한 모서리가 쌓기나무 4개로 이루어진 정육면체를 만들려면

$4×4×4=64$(개)의 쌓기나무가 필요합니다.

따라서 더 필요한 쌓기나무의 개수는

$64-12=52$(개)입니다.

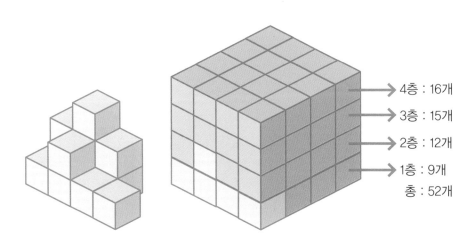

4층 : 16개

3층 : 15개

2층 : 12개

1층 : 9개

총 : 52개

주사위 눈의 합

인류 역사에서 주사위가 언제 등장했는지 정확하지는 않지만, 이집트에서는 이미 기원전 10세기 이전에 동물 뼈로 만든 주사위가 있었다고 하니 역사가 오래되었음을 알 수 있습니다.

오늘날 주사위는 다양한 게임에 이용됩니다. 많은 게임에 주사위를 사용하는 이유는 주사위 전체 모양은 다르더라도 주사위마다 각 면의 모양과 크기가 같기 때문입니다. 각 면의 모양과 크기가 같으면 각 면의 넓이가 같고, 던졌을 때 각 주사위의 면이 나올 가능성도 같습니다.

가장 많이 사용하는 주사위는 정육면체 모양으로, 마주보는 면의 눈의 합이 7입니다. 아래 주사위를 전개도로 나타나면 다음과 같습니다.

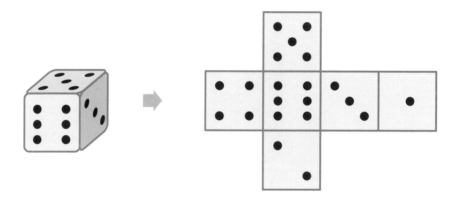

정답
46쪽

다음과 같이 마주보는 두 면의 눈의 합이 7인 주사위 3개를 이어붙였습니다. 바닥면을 포함한 겉면의 눈의 합이 가장 클 때의 값과 가장 작을 때의 값의 합은 얼마일까요?

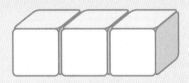

주사위 각 면의 눈 중에서
가장 큰 수와 가장 작은 수를 생각해 보세요.

답을 구하기 어렵다면 다음 페이지의 **힌트를 참고하여 다시 도전!**

Q1. 다음 주사위 중에서 나머지와 다른 한 개는 무엇일까요?

① ② ③ ④ ⑤

주사위의 눈 1, 2, 3 중 2개의 합으로 7을 만들 수 없기 때문에 1, 2, 3 세 눈은 서로 이웃해 한 꼭짓점을 두고 모이고, 4, 5, 6 세 눈 역시 한 꼭짓점을 두고 모입니다. ①번 주사위는 4, 5, 6과 1, 2, 3의 눈이 한 꼭짓점을 기준으로 각

  각 시계 방향으로 배열되어 있습니다. ②~⑤번 주사위 중 ④번 주사위만 4, 5, 6의 눈이 시계 반대 방향으로 배열되어 있으므로 다른 주사위입니다.

Q2. 마주보는 두 면의 눈의 합이 7인 똑같은 주사위 3개를 다음과 같이 이어붙였을 때, 주사위끼리 만나 보이지 않는 면의 눈의 합은 얼마일까요?

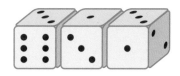

주사위에서 마주보는 두 면의 눈의 합은 7이므로 세 번째 주사위의 왼쪽면은 5, 아랫면은 4, 뒷면은 6입니다. 이 주사위는 1, 2, 3과 4, 5, 6의 눈이 한 꼭짓점을 기준으로 각각 시계 반대 방향으로 배열되어   있습니다. 따라서 첫 번째 주사위의 아랫면은 4, 오른쪽 면은 5입니다. 가운데 주사위의 마주보는 두 면의 눈의 합은 7이므로 주사위끼리 만나 보이지 않는 면의 눈의 합은 5+7+5=17입니다.

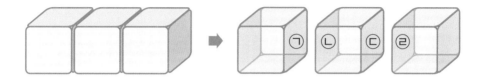

주사위 1개의 모든 면의 눈의 합은 1+2+3+4+5+6=21이므로

주사위 3개의 모든 눈의 합은 21×3=63입니다.

두 번째 주사위는 마주보는 두 면의 눈의 합, ㉡+㉢이 항상 7이므로

어떤 방향으로 놓여 있어도 상관없습니다.

바닥면을 포함한 주사위 겉면의 눈의 합이 가장 크려면

㉠과 ㉣에 가장 작은 수인 1이 있어야 합니다.

보이지 않는 면의 눈의 합은

㉠+㉡+㉢+㉣=1+7+1=9이므로,

바닥면을 포함한 겉면의 눈의 합은 63-9=54입니다.

바닥면을 포함한 겉면의 눈의 합이 가장 작으려면

㉠과 ㉣에 가장 큰 수인 6이 있어야 합니다.

보이지 않는 면의 눈의 합은

㉠+㉡+㉢+㉣=6+7+6=19이므로,

바닥면을 포함한 겉면의 눈의 합은 63-19=44입니다.

따라서 바닥면을 포함한 겉면의 눈의 합이

가장 클 때와 가장 작을 때의 값의 합은

54+44=98입니다.

스프링클러에서 떨어지는 물의 양

무더운 날씨와 가뭄이 길어지자, 부족한 물을 보충하기 위해 밭에 3개의 스프링클러를 설치했습니다. 스프링클러는 식물이 잘 자라게 하기 위해 농지나 잔디밭 등에 물을 뿌리는 장치입니다.

스프링클러의 조건

① 그림의 1 cm는 실제의 1 m와 같다.

② 스프링클러는 중심에서 3 m까지는 시간당 100 L의 물이 떨어지고, 1 m 멀어질 때마다 떨어지는 물의 양이 15 L씩 줄어든다.

③ 각 지점에서 얻는 물의 양은 각 스프링클러에서 떨어지는 물의 양의 합이다.

정답
46쪽

아래 그림에서 는 스프링클러가 설치된 곳의 위치입니다. 지점 A, B, C, D 중 가장 많은 양의 물을 얻을 수 있는 곳은 어디일까요?

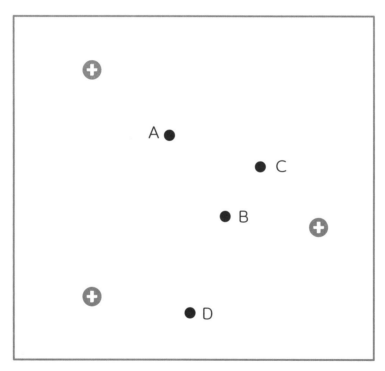

스프링클러로부터의 거리와
떨어지는 물의 양의 관계를 생각해 보세요.

답을 구하기 어렵다면 다음 페이지의 **힌트를 참고하여 다시 도전!**

Q1. 스프링클러로부터의 거리에 따라 시간당 떨어지는 물의 양을 구해 보세요.

스프링클러로부터의 거리(m)	3	4	5	6	7	8	9
시간당 떨어지는 물의 양(L)							

3 m까지는 시간당 100 L의 물이 떨어지고 1 m 멀어질 때마다 떨어지는 물의 양이 15 L씩 줄어듭니다. 따라서 3 m까지는 100 L, 4 m까지는 85 L, 5 m까지는 70 L, 6 m까지는 55 L, 7 m까지는 40 L, 8 m까지는 25 L, 9 m까지는 10 L의 물이 떨어집니다.

Q2. 각 지점 A, B, C, D에서 얻을 수 있는 물의 양을 구해 보세요.

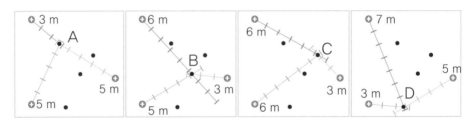

각 지점 A, B, C, D에서 얻을 수 있는 물의 양은 3개의 스프링클러에서 떨어진 물의 양의 합입니다. 그림의 1 cm는 실제의 1 m와 같으므로 각 스프링클러로부터 떨어진 거리에 따른 물의 양을 계산하면 다음과 같습니다.

지점 A에서 얻을 수 있는 물의 양＝100＋70＋70＝240(L)

지점 B에서 얻을 수 있는 물의 양＝55＋70＋100＝225(L)

지점 C에서 얻을 수 있는 물의 양＝55＋55＋100＝210(L)

지점 D에서 얻을 수 있는 물의 양＝40＋100＋70＝210(L)

각 지점 A, B, C, D 중에서 가장 많은 물의 양을 얻을 수 있는 곳을 찾을 때 각 지점에서 얻을 수 있는 물의 양을 직접 계산하지 않고 거리만 비교해도 됩니다. 각 지점에서 스프링클러까지의 거리를 1 cm 단위로 측정한 후 거리의 합이 가장 작은 지점이 가장 많은 물을 얻을 수 있습니다.

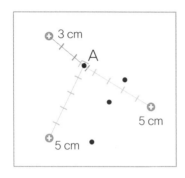
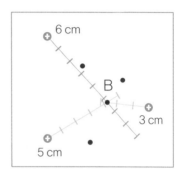
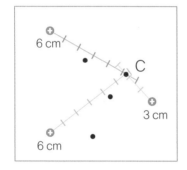
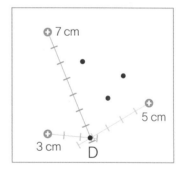

지점 A에서 각 스프링클러까지의 거리＝3＋5＋5＝13(cm)

지점 B에서 각 스프링클러까지의 거리＝6＋5＋3＝14(cm)

지점 C에서 각 스프링클러까지의 거리＝6＋6＋3＝15(cm)

지점 D에서 각 스프링클러까지의 거리＝7＋3＋5＝15(cm)

따라서 가장 많은 물을 얻을 수 있는 곳은 지점 A입니다.

Mission
07

창문에 붙일 시트지

투명한 유리는 빛이 잘 들어와 실내가 밝고 밖을 볼 수 있어서 답답하지 않아 대부분 창문에는 투명한 유리를 사용합니다. 하지만 낮에 빛이 너무 강하면 눈이 부시고, 밖에서 안쪽 전체를 훤히 볼 수 있어 사생활이 침해됩니다. 투명한 유리창의 눈높이 아랫부분에만 불투명 시트지를 붙여 빛도 들어오고 외부 경치도 볼 수 있지만 밖에서는 안쪽 전체를 볼 수 없게 하려고 합니다.

정답
46쪽

시트지 한 개의 크기는 가로 15 cm, 세로 12 cm이고, 유리창 한 개에 시트지를 붙이는 부분은 가로 60 cm, 세로 52 cm입니다. 유리창 3개에 시트지를 붙일 때 시트지를 잘라야 하는 최소 횟수는 몇 번일까요?

유리창에 시트지를 어떤 방향으로
붙여야 할지 생각해 보세요.

답을 구하기 어렵다면 다음 페이지의 **힌트를 참고하여 다시 도전!**

Q1. 가로가 15 cm 시트지를 옆으로 계속 이어붙이면 시트지의 전체 길이는 어떻게 되나요?

15 cm, 30 cm, 45 cm, 60 cm, …으로 15씩 증가합니다.

이때 15, 30, 45, 60, …은 15의 배수입니다.

Q2. 가로가 12 cm 시트지를 옆으로 계속 이어붙이면 시트지의 전체 길이는 어떻게 되나요?

12 cm, 24 cm, 36 cm, 48 cm, 60 cm, …으로 12씩 증가합니다.

이때 12, 24, 36, 48, 60, …은 12의 배수입니다.

Q3. 세로의 길이가 52 cm인 유리창에 세로의 길이가 같은 시트지를 여러 장 이어붙이려고 합니다. 가능한 시트지의 세로 길이와 개수는 몇 개인가요? (단, 시트지의 세로 길이는 1 cm 단위의 자연수만 가능합니다.)

세로 길이가 1 cm인 시트지 52장,

세로 길이가 2 cm인 시트지 26장,

세로 길이가 4 cm인 시트지 13장,

세로 길이가 13 cm인 시트지 4장,

세로 길이가 26 cm인 시트지 2장을 이어붙이면 됩니다.

이때 1, 2, 4, 13, 26, 52는 52의 약수입니다.

> ### 배수와 약수
>
> ① 배수 : 어떤 수를 1배, 2배, 3배, … 한 수
> ② 약수 : 어떤 자연수를 나누어 떨어지게 하는 수

60은 12와 15의 배수이므로 유리창에 시트지를 가로 방향 또는 세로 방향으로 이어붙이면 자르지 않고 붙일 수 있습니다.

52는 12와 15의 배수가 아니므로 시트지를 가로 방향으로 붙이든 세로 방향으로 붙이든 잘라서 붙여야 합니다.

52의 약수는 1, 2, 4, 13, 26, 52,

12의 약수는 1, 2, 3, 4, 6, 12,

15의 약수는 1, 3, 5, 150이므로

52와 12의 약수 중 4가 같습니다.

따라서 유리창에 시트지를

가로 방향으로 붙이는 것이 좋습니다.

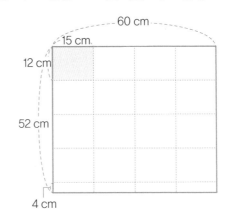

유리창 가로 방향으로 15 cm인 시트지를 4장,

유리창 세로 방향으로 12 cm인 시트지를 4장과 $\frac{1}{3}$을 이어붙이면 됩니다.

유리창 1개를 붙이는데 세로 4 cm인 시트지 4장이 필요하므로

유리창 3개를 붙이는데 세로 4 cm인 시트지 12장이 필요합니다.

따라서 세로 12 cm인 시트지를 8번 자르면 됩니다.

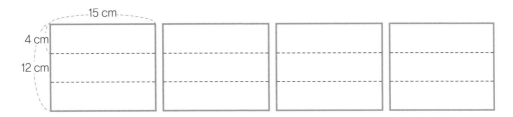

케이크를 공평하게 나누는 방법

겉면에 초콜릿이 발라져 있는 정사각형 모양의 케이크가 있습니다. 이 케이크를 3 명이 똑같이 나누어 먹기 위하여 다음과 같이 3등분을 했습니다. 각 조각의 케이크 양은 같았지만 가운데 케이크 조각은 잘린 두 면에 초콜릿이 없어서 다른 조각에 비해 초콜릿의 양이 적어 공평하지 않았습니다.

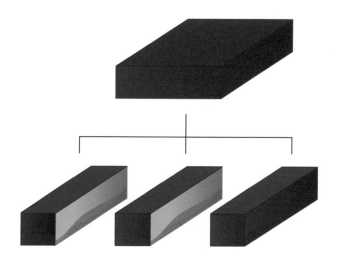

정답
46쪽

케이크의 양뿐만 아니라 겉면에 발라져 있는 초콜릿의 양까지 똑같이 나누려고 합니다. 케이크 윗면 그림에 케이크를 나누는 방법을 그려 보세요. 케이크 조각이 최소가 될 때는 몇 조각일까요?

▲ 케이크 윗면

겉면의 초콜릿의 양을 같게 하려면 케이크 둘레를 몇 등분으로 나누어야 할지 생각해 보세요.

답을 구하기 어렵다면 다음 페이지의 **힌트를 참고하여 다시 도전!**

Q1. 다음과 같이 케이크를 크기가 같은 9개의 정사각형으로 나누었습니다. 겉면에 발라져 있는 초콜릿의 양까지 똑같이 나누려면 어떻게 나누어야 할까요?

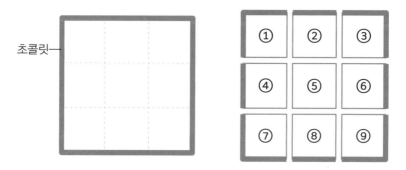

초콜릿—

케이크를 9조각으로 나눴을 때 겉면에 초콜릿이 발라져 있는 면은 총 12개 입니다. 3명이 공평하게 나누려면 초콜릿이 있는 겉면이 4개씩 되도록 3조 각씩 묶으면 됩니다. 따라서 (①, ②, ④), (③, ⑥. ⑧), (⑤, ⑦, ⑨) 조각으로 나누면 됩니다.

Q2. 다음 여러 가지 모양의 삼각형 중 넓이가 가장 큰 것은 어느 것일까요?

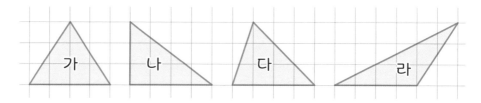

가   나   다   라

'삼각형의 넓이=밑변의 길이×높이÷2'로 구할 수 있습니다.
위 삼각형은 모두 모양이 다르지만 밑변의 길이와 높이가 같으므로 삼각형의 넓이는 모두 같습니다.

케이크를 겉면에 발라져 있는 초콜릿의 양까지 똑같이 나누면 부피가 같습니다.

케이크의 부피는 '(밑면의 넓이)×(높이)'로 구할 수 있고,

케이크의 높이가 같으므로 밑넓이가 같으면 케이크의 부피가 같습니다.

밑변의 길이와 높이가 같은 삼각형은 넓이가 같다는 원리를 이용하면

정사각형의 케이크를 공평하게 3등분으로 나눌 수 있습니다.

먼저 정사각형에 2개의 대각선을 그어 중심을 찾습니다.

정사각형의 각 변을 3등분하여 둘레를 12개로 나눈 후 둘레가 4개씩 되도록

중심을 기준으로 나누면 똑같이 3등분으로 나눌 수 있습니다.

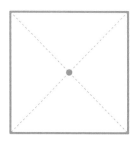 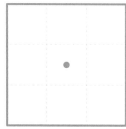 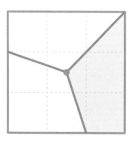

3조각으로 나누어진 각 조각은 다시 두 개의 삼각형으로 나눌 수 있습니다. 변에서 중심까지 거리는 삼각형의 높이가 되며, 그 값은 같습니다.

9등분한 한 조각의 변의 길이를 2라고 하면

삼각형의 높이는 3이 됩니다.

각 조각의 넓이를 구해보면

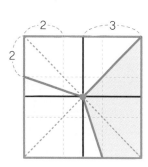

파란색 조각의 넓이 $=(2 \times 3 \div 2)+(6 \times 3 \div 2)=12$

초록색 조각의 넓이 $=(4 \times 3 \div 2)+(4 \times 3 \div 2)=12$

주황색 조각의 넓이 $=(2 \times 3 \div 2)+(6 \times 3 \div 2)=12$ 로

넓이가 모두 같습니다.

코딩봇의 출발점

컴퓨터에게 일을 시키려면 어떻게 해야 할까요? 컴퓨터는 똑똑한 것처럼 보이지만 사람이 명령한 대로만 행동할 수 있습니다. 주어진 명령을 컴퓨터가 이해할 수 있는 언어로 만드는 것을 코딩이라 하고, 코딩한 내용대로 움직이는 미니 로봇을 코딩봇이라고 합니다. 어떤 코딩봇에 검은색 선을 만나면 빛의 반사 법칙에 따라 방향을 바꿔서 이동하도록 프로그래밍했습니다.

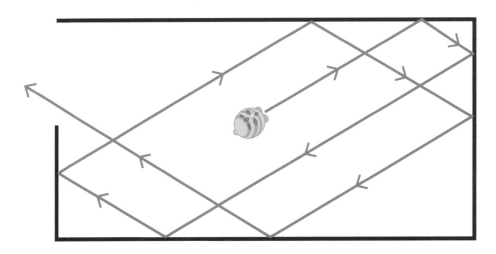

빛의 반사 법칙

빛이 물체의 표면에서 반사될 때 거울로 들어오는 각도인 입사각과 거울에서 반사되어 나가는 각도인 반사각은 항상 같습니다. 이것을 '빛의 반사 법칙'이라고 합니다. 빛의 반사 법칙은 빛이 물체에서 반사되는 모든 경우에 항상 지켜집니다.

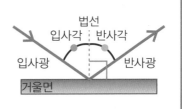

정답
46쪽

코딩봇이 가로 52 cm, 세로 14 cm인 직사각형의 선분 ㄱㄴ 위의
한 점에서 45°로 출발하여 ㄷㄹ 위의 중점에 도착했습니다. 코딩봇의
출발점과 가장 가까운 꼭짓점까지의 거리는 얼마일까요?

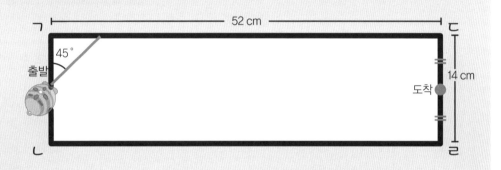

도착 지점에서의 이동 경로를 그리고
삼각형의 특징을 생각해 보세요.

답을 구하기 어렵다면 다음 페이지의 **힌트를 참고하여 다시 도전!**

Q1. 코딩봇이 도착한 지점에서 ㄹ까지의 거리는 얼마일까요?

도착한 지점이 선분 ㄷㄹ의 중점이므로

도착한 지점에서 ㄹ까지의 거리는

7 cm입니다.

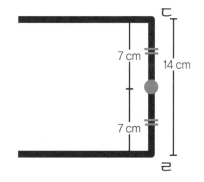

Q2. 코딩봇이 출발점에서 45°로 출발하여 도착점에 도착했을 때 검은색 선과 이루는 각도는 얼마일까요?

코딩봇이 도착한 곳을 점 ㅁ이라 하고, 점 ㅁ에서 거꾸로 이동 경로를 그려보면 다음 그림과 같습니다. 코딩봇은 45°로 출발하여 검은색 선을 만나면 빛의 반사 법칙에 따라 방향을 바꿔서 진행합니다. 반사 법칙에 의하면 입사각과 반사각은 항상 같습니다. 따라서 점 ㅁ에서 거꾸로 출발해도 45°로 진행합니다.

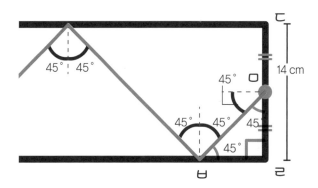

코딩봇이 도착한 곳을 점 ㅁ이라 하고, 점 ㅁ에서 거꾸로 이동 경로를 생각해 봅니다.

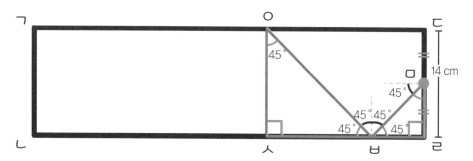

선분 ㅁㄹ의 길이는 7 cm이고, 삼각형 ㅁㅂㄹ은 직각이등변삼각형이므로 선분 ㄹㅂ의 길이도 7 cm입니다.

선분 ㅇㅅ의 길이는 14 cm이고, 삼각형 ㅇㅂㄹ은 직각이등변삼각형이므로 선분 ㅅㅂ의 길이도 14 cm입니다.

코딩봇은 출발점에서 출발하여 4번 반사한 후 도착점에 도착합니다.

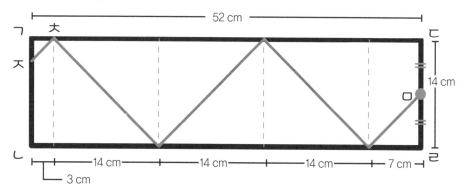

선분 ㄱㅊ의 길이는 52−7−14−14−14=3(cm)이고,

삼각형 ㄱㅈㅊ은 직각이등변삼각형이므로 선분 ㄱㅈ의 길이도 3 cm입니다.

따라서 코딩봇의 출발점과 가장 가까운 꼭짓점까지의 거리는 3 cm입니다.

옮겨야 하는 성냥개비

다음과 같이 성냥개비 12개로 큰 정사각형 안에 4개의 성냥개비를 놓아 작은 정사 각형 4개를 만들었습니다. 이 중 성냥개비 4개를 옮겨서 정사각형 2개를 만드는 방 법은 2가지가 있습니다.

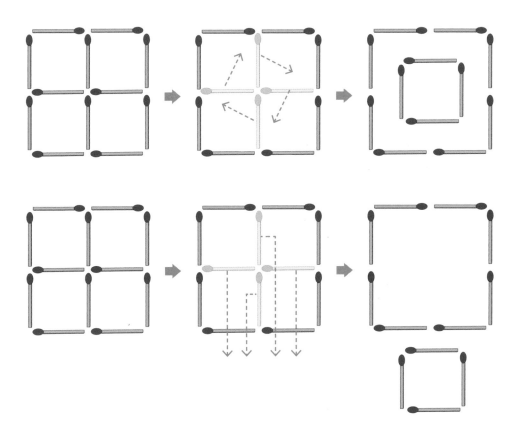

정답
44쪽

성냥개비 16개로 다음과 같은 모양을 만들었습니다. 성냥개비 4개를 옮겨서 정사각형 3개를 만들려고 합니다. 옮겨야 할 성냥개비에 표시하고, 알맞은 모양을 그려 보세요. (단, 성냥개비를 부러뜨리거나 새로 더해서는 안 됩니다.)

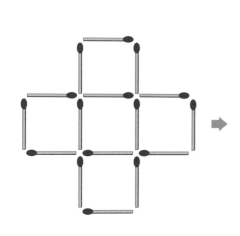

 정사각형의 특징을 생각해 보세요.

답을 구하기 어렵다면 다음 페이지의 **힌트를 참고하여 다시 도전!**

Q1. 성냥개비 12개로 다음과 같은 모양을 만들었습니다. 이 중 3개를 옮겨서 같은 크기의 정사각형 3개를 만들어 보세요.

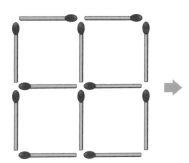

정사각형은 4개의 변으로 이루어지므로 12개의 성냥개비로 정사각형 3개를 만들려면 정사각형의 변이 겹쳐지지 않아야 합니다.

Q2. 성냥개비 12개로 다음과 같은 모양을 만들었습니다. 이 중 2개를 옮겨서 정사각형 7개를 만들어 보세요.

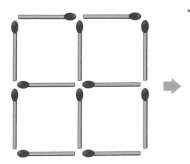

정사각형 개수를 늘릴 때는 만들어져 있는 정사각형의 개수를 최대한 많이 유지하면서 새로운 정사각형을 만들어야 합니다. 모퉁이에 있는 성냥개비 2개를 옮겨서 정사각형 안쪽에 수직으로 만나게 놓으면 작은 정사각형 4개가 만들어져서 크기가 다른 정사각형 7개가 만들어집니다.

성냥개비 16개로 정사각형 5개를 만든 모양에서 3개로 개수를 줄이려면

정사각형을 크게 하여 한 변의 길이를 성냥개비 여러 개로 만들어야 합니다.

따라서 옮겨야 할 4개의 성냥개비에 표시하고

알맞은 모양을 그리면 다음과 같습니다.

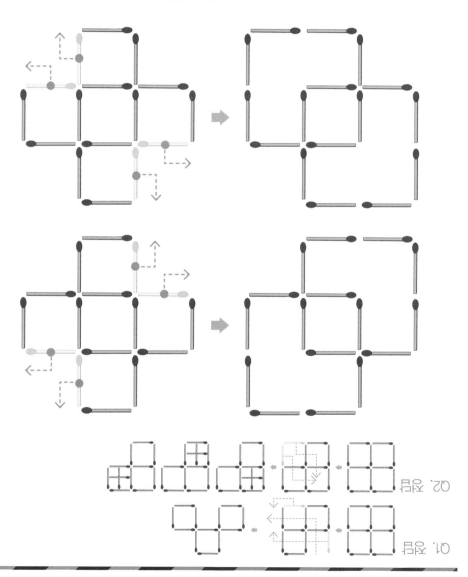

Congratulations!
Escape Success!

도형과 측정

신나는 수학 방탈출

GO TO THE NEXT ROOM

Welcome!

수와 연산

01 고장 난 계산기

02 숫자 카드

03 벌레 먹은 셈

04 복면을 쓴 계산식, 복면산

05 10개의 연속수

06 그레고리우스가 만든 달력

07 앞뒤가 똑같은 팔린드롬수

08 5×5 마방진의 가운데 수

09 강을 왕복하는데 걸린 시간

10 다트 게임의 점수

ENTER THE ESCAPE ROOM

고장 난 계산기

숫자 버튼 3, 5, 7이 눌러지지 않는 고장 난 계산기가 있습니다.

3은 다음과 같이 버튼을 누르면 최소 횟수로 입력할 수 있습니다.

3 ➡ 1+2 , 4-1 , 9-6

5는 다음과 같이 버튼을 누르면 최소 횟수로 입력할 수 있습니다.

5 ➡ 1+4 , 6-1 , 9-4

7은 다음과 같이 버튼을 누르면 최소 횟수로 입력할 수 있습니다.

7 ➡ 1+6 , 8-1 , 9-2

정답 90쪽

다음 계산을 이 계산기로 한다면 버튼을 누르는 최소 횟수는 몇 번일까요? (단, 이 계산기에는 괄호 기능이 없습니다.)

$$753 + 9 × 537 - 735 =$$

3, 5, 7을 사용하지 않고 753, 537, 735를
어떻게 입력할 수 있을지 생각해 보세요.

답을 구하기 어렵다면 다음 페이지의 **힌트를 참고하여 다시 도전!**

Q1. 숫자 버튼 7이 눌러지지 않고 괄호 기능이 없는 계산기가 있습니다. 다음 계산을 하려면 버튼을 어떻게 눌러야 할까요?

$$12+77 \quad , \quad 74-27 \quad , \quad 7×9 \quad , \quad 5×7$$

① $12+77=12+(80-3)=12+(69+8)=\cdots$

② $74-27=(80-6)-(30-3)$으로 식을 바꿀 수 있지만 괄호 기능이 없으므로 $74-27=80-6-30+3$으로 바꿔서 버튼을 눌러야 합니다.

③ $7×9=(10-3)×9=(11-4)×9=\cdots$

④ $5×7=5×(10-3)$으로 식을 바꿀 수 있지만 괄호 기능이 없어 앞에서부터 차례대로 버튼을 누르면 $(5×10)-3$으로 계산합니다.
따라서 $5×7=7×5=(10-3)×5$로 바꿔서 버튼을 눌러야 합니다.

Q2. 숫자 버튼 3과 5가 눌러지지 않고 괄호 기능이 없는 계산기가 있습니다. 다음 계산을 하려면 버튼을 어떻게 눌러야 할까요?

$$12+53 \quad , \quad 103-35 \quad , \quad 135×8 \quad , \quad 253+6×35$$

① $12+53=12+(60-7)=12+(46+7)=\cdots$

② $103-35=(110-7)-(41-6)$으로 식을 바꿀 수 있지만 괄호 기능이 없으므로 $103-35=110-7-41+6$으로 바꿔서 버튼을 눌러야 합니다.

③ $135×8=(141-6)×8=\cdots$

④ $253+6×35=(260-7)+6×(29+6)$으로 식을 바꿀 수 있지만 괄호 기능이 없어 앞에서부터 차례대로 버튼을 누르면 $(260-7+6)×29+6$으로 계산합니다.
따라서 $253+6×35=35×6+253=(29+6)×6+(260-7)$로 바꿔서 버튼을 눌러야 합니다.

숫자 버튼 3, 5, 7이 눌러지지 않는 계산기로 $753+9\times537-735$를 계산할 때 753, 537, 735를 버튼을 최소로 눌러서 나타낼 수 있는 방법은 다음과 같습니다.

① $753=801-48=802-49=804-51=691+62=\cdots$

② $537=601-64=606-69=496+41=\cdots$

③ $735=801-66=804-69=694+41=\cdots$

덧셈, 뺄셈, 곱셈, 나눗셈의 혼합 계산에서는

곱셈과 나눗셈을 먼저 하고, 덧셈과 뺄셈을 계산합니다.

따라서 $753+9\times537-735=9\times537+753-735$로 바꿔야 합니다.

$9\times537=9\times(601-64)$이지만 괄호 기능이 없으므로

$(601-64)\times9$로 바꿔야 합니다.

곱셈 계산을 먼저 한 후 덧셈과 뺄셈을 계산하도록 버튼을 누르려면

다음과 같은 순서가 됩니다.

$753+9\times537-735$

$=537\times9+753-735$

$=(601-64)\times9+(801-48)-(801-66)$

$=(601-64)\times9+801-48-801+66$

따라서 계산기 버튼을 누르는 최소 횟수는 23회입니다.

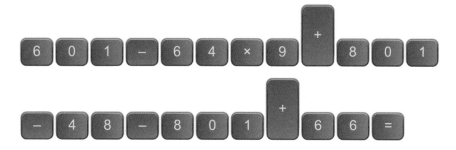

숫자 카드

수학은 수(數)에서 시작하는 학문입니다. 수와 연산이 수학 공부의 대부분을 차지하는 이유는 일상생활에서 가장 많이 쓰일 뿐만 아니라 모든 수학의 기초가 되기 때문입니다.

숫자 카드를 이용하면 다양한 수 만들기 활동을 할 수 있습니다.

5장의 숫자 카드에서 2장을 뽑아 만들 수 있는 두 자리 수는 몇 개일까요?

12, 13, 14, 15, 21, 23, 24, 25, 31, 32, 34, 35, 41, 42, 43, 45, 51, 52, 53, 54

총 20개입니다.

두 자리 수를 모두 적지 않고 다음과 같은 방법으로 간단하게 구할 수도 있습니다.

십의 자리에 올 수 있는 숫자는 5가지이고,

일의 자리에 올 수 있는 숫자는 십의 자리의 수를 뺀 4가지입니다.

따라서 만들 수 있는 두 자리의 수의 총 개수는 $5 \times 4 = 20$(개)입니다.

정답
90쪽

5장의 숫자 카드 중에서 2장을 골라 두 자리 수를 만들고, 남은 숫자
카드 중 하나의 수로 그 수를 나누려고 합니다. 이때 나머지가 없는
나눗셈식은 모두 몇 개일까요?

| 1 | 2 | 3 | 4 | 5 |

5장의 숫자 카드 중 2장을 골라 두 자리 수를
만드는 경우를 순서대로 생각해 보세요.

답을 구하기 어렵다면 다음 페이지의 **힌트를 참고하여 다시 도전!**

어떤 수가 다른 수의 배수인지 확인할 때 확인하려는 수가 클 경우에는 배수 판정법을 이용하면 쉽고 빠르게 나누어떨어지는지 알 수 있습니다.

> **100보다 작은 자연수의 배수 판정법**
>
> ① 2로 나누어떨어지는 수 : 짝수이다.
> ② 3으로 나누어떨어지는 수 : 각 자리 숫자의 합이 3의 배수이다.
> ③ 4로 나누어떨어지는 수 : 가장 끝 두 자리 수가 00이거나 4의 배수이다.
> ④ 5로 나누어떨어지는 수 : 끝자리가 0 또는 5이다.

아래 숫자 카드 중에서 2개를 뽑아 두 자리 수를 만들려고 합니다.

Q1. 2로 나누어떨어지는 수는 몇 개일까요?

짝수여야 하므로 12, 14, 24, 32, 34, 42, 52, 54 총 8개입니다.

Q2. 3으로 나누어떨어지는 수는 몇 개일까요?

각 두 자리 숫자의 합이 3의 배수가 되는 경우는 (1, 2), (1, 5), (2, 4), (4, 5)이므로 12, 21, 15, 51, 24, 42, 45, 54 총 8개입니다.

Q3. 4로 나누어떨어지는 수는 몇 개일까요?

끝 두 자리수가 4의 배수가 되어야 하므로 12, 24, 32, 52 총 4개입니다.

Q4. 5로 나누어떨어지는 수는 몇 개일까요?

끝자리가 0 또는 5여야 하므로 15, 25, 35, 45 총 4개입니다.

1, 2, 3, 4, 5의 숫자 카드 중에서 2장을 골라 두 자리 수를 만들고
남은 숫자 카드 중 하나의 수로 그 수를 나눌 때
나머지가 없는 나눗셈은 다음과 같습니다.

| 1 | 2 | 3 | 4 | 5 |

1. 십의 자리가 1인 경우 ➡ 4개

    12÷3=4, 12÷4=3, 14÷2=7, 15÷3=5

2. 십의 자리가 2인 경우 ➡ 5개

    21÷3=7, 23÷1=23, 24÷1=24, 24÷3=8, 25÷1=25

3. 십의 자리가 3인 경우 ➡ 5개

    32÷1=32, 32÷4=8, 34÷1=34, 34÷2=17, 35÷1=35

4. 십의 자리가 4인 경우 ➡ 5개

    42÷1=42, 42÷3=12, 43÷1=43, 45÷1=45, 45÷3=15

5. 십의 자리가 5인 경우 ➡ 7개

    51÷3=17, 52÷1=52, 52÷4=13, 53÷1=53,

    54÷1=54, 54÷2=27, 54÷3=18

따라서 조건을 만족하는 나눗셈식은 모두
4+5+5+5+7=26(개)입니다.

벌레 먹은 셈

옛날 중국의 한 장사꾼이 친구에게 빌려준 돈을 꼬박꼬박 종이 장부에 기록했습니다. 시간이 지난 후 받을 돈이 모두 얼마인지 확인하려고 장부를 펼쳤다가 깜짝 놀랐습니다. 벌레가 빌려준 액수를 기록한 종이 일부를 갉아 먹어 버려서 얼마를 받아야 하는지 정확히 알 수 없었기 때문입니다. 그러나 지혜로운 장사꾼은 잠시 고민하다가 위 아래에 적힌 수들의 관계를 이용해 사라진 숫자가 얼마인지 알아냈습니다.

벌레가 종이를 갉아 먹은 것처럼 숫자나 연산 기호의 일부가 보이지 않는 식을 벌레 먹은 셈이라고 합니다. 벌레 먹은 셈을 해결하기 위해서는 어떤 빈칸의 숫자부터 먼저 구해야 하는지 계산 순서를 찾는 것이 중요합니다.

정답
90쪽

다음과 같은 벌레 먹은 셈에서 각 빈칸에 알맞은 숫자와 연산기호를 구해 보세요. 이때 빈칸에 알맞은 숫자와 연산기호를 모두 사용해서 만들 수 있는 가장 작은 수는 무엇일까요?

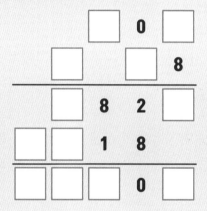

 가장 먼저 구해야 하는 빈칸은
어느 것인지 생각해 보세요.

답을 구하기 어렵다면 다음 페이지의 **힌트를 참고하여 다시 도전!**

Q1. 다음과 같은 벌레 먹은 셈의 빈칸에 알맞은 수를 찾아보세요.

$$
\begin{array}{cccc}
  & 7 & \boxed{A} & \\
\times & & 2 & 5 \\
\hline
  & 3 & 7 & \boxed{B} \\
1 & \boxed{C} & 8 & \\
\hline
\boxed{D} & \boxed{E} & \boxed{F} & \boxed{G}
\end{array}
$$

가장 먼저 구해야 하는 빈칸은 A와 B입니다.

$7A \times 5 = 37B$이므로

일의 자리에서 20의 받아올림이 있습니다.

따라서 A는 4 또는 5입니다.

$7A \times 2 = 1C80$이므로 A=4, C=4이고,

B=0입니다.

$37B + 1C80 = 370 + 1480 = 1850 = DEFG$이므로

D=1, E=8, F=5, G=0입니다.

Q2. 다음과 같은 벌레 먹은 셈의 빈칸에 알맞은 수를 찾아보세요.

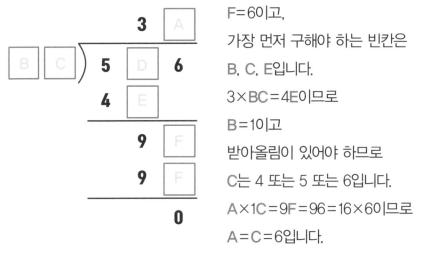

F=6이고,

가장 먼저 구해야 하는 빈칸은

B, C, E입니다.

$3 \times BC = 4E$이므로

B=1이고

받아올림이 있어야 하므로

C는 4 또는 5 또는 6입니다.

$A \times 1C = 9F = 96 = 16 \times 6$이므로

A=C=6입니다.

$3 \times BC = 3 \times 16 = 48 = 4E$이므로 E=8이고,

$5D - 4E = 5D - 48 = 9$이므로 5D=57, D=7입니다.

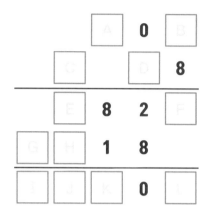

가장 먼저 구해야 하는 빈칸은

연산 기호가 들어가는 C와 일의 자리 수의 곱셈인 B와 F입니다.

세 자리 수와 두 자리 수를 연산했을 때 다섯 자리 수가 나오기 위해서는

곱하기를 해야 하므로, C는 ×입니다.

$8 \times B = 2F$이므로 $B = 3$, $F = 4$입니다.

$A \times 8 = E80$이므로 $A = 6$, $E = 4$입니다.

$D \times B = D \times 3 = 180$이므로 $D = 60$이고,

$A0B \times D = 603 \times 6 = 3618 = GH180$이므로

$G = 3$, $H = 6$입니다.

$E82F + GH180 = 4824 + 36180 = 41004$

$= IJK0L$이므로 $I = 4$, $J = 1$, $K = 0$, $L = 4$입니다.

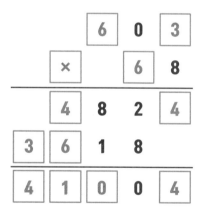

따라서 각 빈칸에 알맞은 숫자와 연산기호를 모두 사용해 만들 수 있는

가장 작은 수는 $6364436414 \times 0 = 0$입니다.

Mission 04

복면을 쓴 계산식, 복면산

복면산은 수학 퍼즐의 한 종류로 계산식에서 숫자를 문자나 기호로 가려놓고, 어떤 숫자가 들어가는지 구하는 문제입니다. 숫자가 복면을 쓴 것과 같다고 하여 복면산 이라고 합니다. 영국의 유명한 퍼즐 제작자인 헨리 어니스트 듀드니(Henry Ernest Dudene)가 1924년 7월에 발표한 문제가 유명합니다. 복면산 문제는 식을 유심히 관찰하여 각 글자에 가려진 숫자를 찾는 것이 핵심입니다.

$$
\begin{array}{r}
S\ E\ N\ D \\
+\ M\ O\ R\ E \\
\hline
M\ O\ N\ E\ Y
\end{array}
$$

복면산 규칙

① 같은 문자에는 같은 숫자가 들어가고, 다른 문자에는 다른 숫자가 들어간다.
② 각 문자와 기호에는 숫자가 1개 들어간다.
③ 가장 왼쪽 문자에는 0을 넣을 수 없다.
④ 수식이 성립해야 한다.

정답
90쪽

다음 식에서 같은 알파벳에는 같은 숫자가 들어가고, 다른 알파벳에는 다른 숫자가 들어가며, 이미 표시되어 있는 숫자는 들어가지 않습니다. 각 알파벳에 해당하는 숫자를 모두 더한 값은 얼마일까요?

```
    A   B   3
+       7   C
─────────────
D   E   D   5
```

D에 들어갈 수 있는 숫자를
먼저 생각해 보세요.

답을 구하기 어렵다면 다음 페이지의 **힌트를 참고하여 다시 도전!**

헨리 어니스트 듀드니가 낸 복면산 문제의 답은 다음과 같습니다.

다음은 한글 복면산 문제입니다.

Q1. 꽃 + 꽃 + 꽃 = 벚 꽃

'꽃'에 해당하는 숫자를 세 번 더했을 때

일의 자리 숫자가 '꽃'에 해당하는 숫자와 같아야 하므로 '꽃'=5입니다.

$$5 + 5 + 5 = 1\ 5$$

Q2. 물 × 물 = 한 강
물 × 물 × 물 = 강 물

두 식을 자세히 살펴보면 모두 한 글자를 여러 번 곱한 곱셈식입니다.

첫 번째는 두 번 곱한 식이고 두 번째는 세 번 곱한 식입니다.

1~9 중에서 두 번 곱한 값과 세 번 곱한 값이 모두 두 자리인 수는

4뿐이므로 '물'=4입니다.

$$4 × 4 = 1\ 6$$
$$4 × 4 × 4 = 6\ 4$$

세 자리 수와 두 자리 수를 더해 네 자리 수가 될 때

천의 자리 숫자는 1이므로 D=1입니다.

$$
\begin{array}{cccc}
 & A & B & 3 \\
+ & & 7 & C \\
\hline
D & E & D & 5 \\
\end{array}
\qquad\Rightarrow\qquad
\begin{array}{cccc}
 & & & 3 \\
+ & & 7 & \\
\hline
1 & & 1 & 5 \\
\end{array}
$$

D=1이면 A=9입니다.

백의 자리에 100의 받아올림이 있으므로 E=0입니다.

$$
\begin{array}{ccc}
 & & 3 \\
+ & 7 & \\
\hline
1 & 1 & 5 \\
\end{array}
\qquad\Rightarrow\qquad
\begin{array}{cccc}
9 & & 3 \\
+ & 7 & \\
\hline
1 & 0 & 1 & 5 \\
\end{array}
$$

만약 십의 자리에 받아올림이 있다면 B=3이 되어야 하므로 숫자가 중복됩니다.

따라서 B=4, C=2입니다.

각 알파벳에 해당하는 숫자를 모두 더한 값은

A+B+C+D+E=9+4+2+1+0=16입니다.

10개의 연속수

1, 2, 3, …과 같이 연속된 자연수를 연속수라고 합니다.

1~10까지 연속된 수가 있을 때 수의 총 개수는 몇 개일까요?

10은 1에 1을 9번 더한 수입니다.

따라서 총 개수는 9+1=10(개)입니다.

이것을 일반화하면 **'연속수의 개수=(끝 수−첫 수)+1'**이 됩니다.

1~10까지 연속된 수가 있을 때 중간에 있는 수는 무엇일까요?

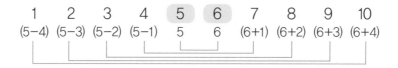

중간수는 (10+1)÷2=5.5가 되므로 5와 6, 2개입니다.

이것을 일반화하면 **'연속수의 중간수=(첫 수+끝 수)÷2'**가 됩니다.

1~10까지 연속된 모든 수의 합은 얼마일까요?

(5+6)이 5개 있는 것과 같으므로 (5+6)×(10÷2)=55입니다.

이것을 일반화하면 **'연속수의 합=(첫 수+끝 수)×(연속수의 개수 ÷2)'**가 됩니다.

정답
90쪽

10개의 연속된 수가 있습니다. 이 중에서 짝수인 수를 모두 더하면
250이고, 3의 배수인 수를 모두 더하면 153입니다. 10개의 연속된
수 중에서 가장 큰 수는 무엇일까요?

10개의 연속된 수를
어떻게 나타내면 좋을지 생각해 보세요.

답을 구하기 어렵다면 다음 페이지의 **힌트를 참고하여 다시 도전!**

Q1. 1~100까지 수 중에서 홀수의 개수는 몇 개일까요?

1~100까지의 홀수는 1, 3, …, 97, 99이고, 99는 1에 2를 49번 더한 수입니다.

따라서 1에서 100까지 수 중에서 홀수는 49+1=50(개)입니다.

Q2. 11~19까지 연속된 모든 수의 합은 얼마일까요?

11	12	13	14	15	16	17	18	19
(15−4)	(15−3)	(15−2)	(15−1)		(15+1)	(15+2)	(15+3)	(15+4)

15가 9개 있는 것과 같으므로 15×9=135입니다.

'홀수 개 연속수의 합=중간수×연속수의 개수'로 구할 수 있습니다.

Q3. 45를 연속하는 수들의 합으로 나타낸 것입니다. 빈칸을 채워보세요.

45 = ☐ + ☐

  = ☐ + ☐ + ☐

  = ☐ + ☐ + ☐ + ☐ + ☐

  = 5+6+7+8+9+10

  = ☐ + ☐ + ☐ + ☐ + ☐ + ☐ + ☐ + ☐ + ☐

45는 22+23과 15×3, 9×5, 5×9로 나타낼 수 있습니다.

'홀수 개 연속수의 합=중간수×연속수의 개수'이므로

45 = 22+23

  = 14+15+16

  = 7+8+9+10+11

  = 1+2+3+4+5+6+7+8+9로 나타낼 수 있습니다.

10개의 연속된 수를 □, □+1, ⋯ , □+8, □+9라고 하고

첫 번째 수가 홀수부터 시작한다고 하면

짝수인 수는 □+1, □+3, □+5, □+7, □+9로 5개입니다.

짝수인 수의 합이 2500이므로

{(□+1)+(□+9)}×(5÷2)=250

또는 (□+1)+(□+3)+(□+5)+(□+7)+(□+9)=2500이므로

5×□+25=250, 5×□=225, □=45입니다.

45로 시작하는 10개의 연속된 수는 45, 46, 47, 48, 49, 50, 51, 52, 53, 54이고,

이 중에서 3의 배수는 45, 48, 51, 54로 4개이며,

45+48+51+54=198로 조건에 만족하지 않습니다.

따라서 첫 번째 수는 짝수부터 시작합니다.

짝수인 수는 □, □+2, □+4, □+6, □+8로 5개입니다.

짝수인 수의 합이 2500이므로

{□+(□+8)}×(5÷2)=250

또는 □+(□+2)+(□+4)+(□+6)+(□+8)=250,

5×□+20=250, 5×□=230, □=46입니다.

46으로 시작하는 10개의 연속된 수는 46, 47, 48, 49, 50, 51, 52, 53, 54, 55이고,

이 중에서 3의 배수는 48, 51, 54로 3개이며,

48+51+54=153으로 조건에 만족합니다.

따라서 연속하는 10개의 수는 46, 47, 48, 49, 50, 51, 52, 53, 54, 55이고,

이 중에서 가장 큰 수는 55입니다.

Mission 06

그레고리우스가 만든 달력

1년은 지구가 태양 주위를 한 바퀴 도는 데 걸리는 시간으로 약속되어 있습니다. 그런데 1년이 어떤 해는 365일이지만 어떤 해에는 366일입니다. 그 이유는 실제로 지구가 태양을 한 바퀴 도는 데 걸리는 시간이 365.2422일이기 때문입니다.

고대 로마의 정권을 잡고 있던 율리우스는 평소에는 365일로 사용하다가 4년에 한 번씩 2월을 29일로 만들어 366일이 되도록 했습니다. 366일이 되는 해를 윤년, 2월 29일을 윤일이라고 합니다. 0.2422일이 4년이 지나면 0.9688일로 약 1일에 가까워지지만 1년에 0.0078일의 오차가 생깁니다. 0.0078일은 11분이라는 짧은 시간이지만 100년이 지나면 18시간이 되어 오차가 커집니다.

1582년 로마 교황 그레고리우스는 율리우스가 만든 달력을 고쳐 매년 0.0003일, 0.4분의 오차만 생기도록 만들었습니다. 현재 우리가 사용하고 있는 달력은 그레고리우스가 만든 달력입니다.

그레고리우스가 만든 달력의 규칙은 다음과 같습니다.

그레고리우스 달력의 규칙

① 연도가 4의 배수가 아닌 해 ➡ 평년
② 연도가 4의 배수인 해 ➡ 윤년
③ 연도가 4의 배수이면서 100의 배수인 해 ➡ 평년
④ 연도가 100의 배수이면서 400의 배수인 해 ➡ 윤년

정답 90쪽

2019년 11월 1일은 금요일입니다. 2022년 크리스마스는 무슨 요일일까요? (보통 1년은 365일이지만 윤년인 해는 2월 29일까지 있어 366일입니다.)

2019년부터 2022년 사이에
윤년인 해를 찾아보세요.

답을 구하기 어렵다면 다음 페이지의 **힌트를 참고하여 다시 도전!**

Q1. 2019년은 1년이 며칠일까요?

2019년은 4의 배수가 아니므로 평년입니다. 따라서 1년이 365일입니다.

Q2. 1년부터 2000년까지 윤년은 몇 번일까요?

4로 나누어지는 해는 2,000÷4=500(번)입니다. ➡ 윤년

100으로 나누어지는 해는 2,000÷100=20(번)입니다. ➡ 평년

400으로 나누어지는 해는 2,000÷400=5(번)입니다. ➡ 윤년

따라서 윤년은 500−20+5=485(번)입니다.

Q3. 2019년 1월 1일이 화요일이라면 2020년 1월 1일은 무슨 요일일까요?

2019년은 평년으로 1년이 365일입니다.

일주일은 7일이므로 365일은 365÷7=52…1, 일주일이 52번 반복되고 하루 뒤입니다. 따라서 2020년 1월 1일은 수요일입니다.

Q4. 1년 1월 1일이 월요일이라면 2000년 12월 31일은 무슨 요일일까요?

평년 1년이 지나면 요일이 뒤로 하나씩 밀립니다.

1년부터 2000년까지는 요일이 2,000번 뒤로 밀리고,

윤년이 485번 있으므로 요일이 485번 뒤로 더 밀립니다.

1년 1월 1일부터 2000년 12월 31일까지는

┌→ 2021년 1월 1일이 아니라 2020년 12월 31일이므로 하루를 빼야 합니다.

총 2000+485−1=2484(번) 요일이 뒤로 밀립니다.

일주일은 7일이므로 2484번은 2484÷7=354…6,

일주일이 354번 반복되고 6일이 지난 후입니다.

따라서 2000년 12월 31일은 일요일입니다.

2020년은 4의 배수이면서 100의 배수가 아니므로 윤년이고,

2월 29일까지 있어 1년이 366일입니다.

2021년과 2022년은 4의 배수가 아니므로 평년이고, 1년이 365일입니다.

2020년 2월								2021년 2월								2022년 2월						
일	월	화	수	목	금	토		일	월	화	수	목	금	토		일	월	화	수	목	금	토
26	27	28	29	30	31	1		31	1	2	3	4	5	6		30	31	1	2	3	4	5
2	3	4	5	6	7	8		7	8	9	10	11	12	13		6	7	8	9	10	11	12
9	10	11	12	13	14	15		14	15	16	17	18	19	20		13	14	15	16	17	18	19
16	17	18	19	20	21	22		21	22	23	24	25	26	27		20	21	22	23	24	25	26
23	24	25	26	27	28	29		28	1	2	3	4	5	6		27	28	1	2	3	4	5

2019년 11월 1일부터 2022년 11월 1일까지는

$366+365+365=1096$, 1096일이 지납니다.

2022년 11월 1일부터 2022년 12월 1일까지는 30일이 지납니다.

2022년 12월 1일부터 2022년 12월 25일까지는 24일이 지납니다.

2019년 11월 1일부터 2022년 12월 25일 크리스마스까지는

$1096+30+24=1150$, 1150일이 지납니다.

일주일은 7일이므로 1150일은 $1150÷7=164\cdots2$,

일주일이 164번 반복되고 2일이 지난 후입니다.

따라서 2019년 11월 1일이 금요일이면

2022년 12월 25일 크리스마스는 일요일입니다.

앞뒤가 똑같은 팔린드롬수

팔린드롬은 이탈리아어의 palindrom(팔린드롬, 뛰었다 다시 돌아오는)이란 단어에서 왔으며, 앞으로 읽으나 뒤로 읽으나 똑같은 글자나 문장을 말합니다. 17세기 영국의 작가 벤저민 존슨(Benjamin Jonson)이 고안했습니다.

> **한글 : 토마토, 아시아, 별똥별, 다시 합창합시다, 여보게 저기 저게 보여, …**
> **영어 : mom, dad, level, I did, did I?, …**

대칭수는 팔린드롬의 개념을 수에 적용한 것으로, 왼쪽에서 읽을 때와 오른쪽에서 읽을 때 같은 수가 되는 수입니다.

> **252, 3443, 79197, 123454321, 9542442459, …**

대칭수는 팔린드롬수, 거울수, 회문수 등 다양한 이름으로 불립니다.

정답
90쪽

다음과 같이 24시로 표시되는 디지털시계가 있습니다.

시각 13 : 31을 수로 읽으면 1331로 팔린드롬수가 됩니다.

표시되는 시각을 1분 단위로 연속해서 읽을 때 하루 동안 몇 번의
팔린드롬수가 나타날까요?

하루는 몇 시간이고,
1시간은 몇 분인지 생각해 보세요.

답을 구하기 어렵다면 다음 페이지의 **힌트를 참고하여 다시 도전!**

Q1. 100~199 사이 수 중에서 팔린드롬수는 모두 몇 개일까요?

백의 자리 숫자가 1이니 일의 자리 숫자도 1이어야 합니다.

➡ 1 ☐ 1

따라서 101, 111, 121, 131, 141, 151, 161, 171, 181, 191 총 10개입니다.

Q2. 세 자리 수 중에서 팔린드롬수는 모두 몇 개일까요?

백의 자리 숫자는 일의 자리 숫자와 같아야 하고 1~9까지 올 수 있으므로 모두 9가지 경우가 있습니다.

1 ☐ 1, 2 ☐ 2, 3 ☐ 3, 4 ☐ 4, 5 ☐ 5, 6 ☐ 6, 7 ☐ 7, 8 ☐ 8, 9 ☐ 9

십의 자리 숫자는 0~9까지 올 수 있으므로 모두 10가지 경우가 있습니다.

101, 111, 121, 131, 141, 151, 161, 171, 181, 191

따라서 세 자리 수 중에서 팔린드롬수는 $9 \times 10 = 90$(가지)입니다.

팔린드롬이 수학에 적용된 또 다른 예는 같은 두 수를 더한 값과 곱한 값에서 찾을 수 있습니다.

$9 + 9 = 18$ $9 \times 9 = 81$ ➡ 18과 81은 팔린드롬수입니다.

$24 + 3 = 27$ $24 \times 3 = 72$ ➡ 27과 72는 팔린드롬수입니다.

$47 + 2 = 49$ $47 \times 2 = 94$ ➡ 49와 94 팔린드롬수입니다.

1분 단위로 표시되는 디지털시계의 숫자를 연속해서 읽을 때

팔린드롬수가 되는 경우는 다음과 같습니다.

1시인 경우는 1 : 01, 1 : 11, 1 : 21, 1 : 31, 1 : 41, 1 : 51으로 6번 있습니다.

2~9시인 경우는 1시와 마찬가지로 각각 6번씩 있으므로

$6 \times 8 = 48$(번)입니다.

10시 이후인 경우는

10 : 01, 11 : 11, 12 : 21, 13 : 31, 14 : 41, 15 : 51,

20 : 02, 21 : 12, 22 : 22, 23 : 32, 00 : 00으로 11번입니다.

따라서 시각을 1분 단위로 연속해서 읽을 때

하루 동안 나타나는 팔린드롬수는 모두

$6 + 48 + 11 = 65$(번)입니다.

5×5 마방진의 가운데 수

마방진은 Magic Square를 번역한 말로, 정사각형에 1부터 차례로 중복하거나 빠뜨리지 않고, 가로, 세로, 대각선에 있는 수들의 합이 모두 같아지도록 만든 숫자의 배열입니다.

마방진의 유래는 중국 하나라의 우왕 시대로 거슬러 올라갑니다. 황하강이 넘치지 않도록 공사를 하던 중 우왕은 강에서 이상한 그림이 새겨진 거북의 등껍질을 발견하였습니다. 등에 새겨진 1부터 9까지의 숫자는 어느 방향에서 더하든 합이 15였습니다. 공사 후 신기하게도 비가 많이 와서 강물이 넘치는 일이 사라지게 되었으며 이 모든 것이 거북의 등에 새겨진 신기한 수 때문이라고 생각하게 되었습니다. 거북의 등에 새겨진 수는 마방진 또는 마법진이라는 이름으로 아라비아 상인들에 의해 유럽까지 전해져 전 세계에 알려지게 되었습니다.

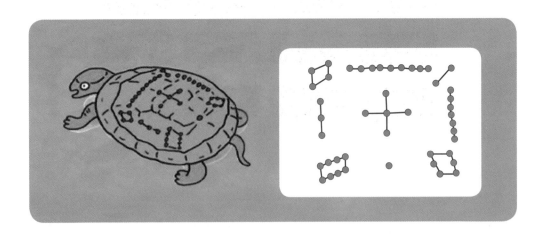

정답
90쪽

1부터 25까지의 수를 한 번씩 사용하여 5×5 마방진을 만들려고 합니다. ★에 들어갈 숫자는 무엇일까요?

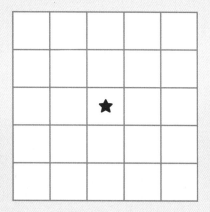

 1부터 25까지의 수 중 두 수의 합이 같도록 짝지었을 때 남는 수를 찾아보세요.

답을 구하기 어렵다면 다음 페이지의 **힌트를 참고하여 다시 도전!**

가장 처음 만들어진 마방진은 1부터 9까지의 수를 한 번씩 사용하여 만든
3×3 마방진입니다.

3×3 마방진은 3개의 수가 한 쌍이 되어야 합니다.

1부터 9까지의 합은 45이고,

각 가로, 세로, 대각선의 수들의 합이 같아야 하므로
한 줄의 합은 45÷3=15가 됩니다.

첫 수 1과 끝 수 9를 더하면 10이 됩니다.

그 다음으로 계속 더하면

2+8=10, 3+7=10, …

두 수의 합이 10이 되고 5는 짝이 없습니다.

따라서 가운데에 5를 쓰고, (1, 9), (2, 8), (3, 7), (4, 6)을 배열하면

마방진을 완성할 수 있습니다.

이때 (1, 9)를 끝에 배열하면 가로와 세로 방향으로 모두 더해져
수가 커지므로 가운데에 써야 합니다.

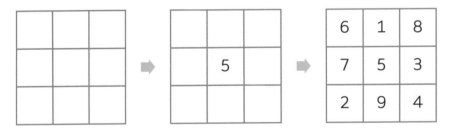

3×3 마방진을 완성할 수 있는 경우는 회전과 대칭 이동에 의한 변형도 같은 것
으로 보면 한 가지뿐입니다.

5×5 마방진은 1부터 25까지의 수를 사용하며,

5개의 수가 한 쌍이 되어야 합니다.

첫 수 1과 끝 수 25를 더하면 26이 됩니다.

그 다음으로 계속 더하면

2+24=26, 3+23=26, …

두 수의 합이 26이 되고 13은 짝이 없습니다.

따라서 가운데에 들어가는 숫자는 13이 됩니다.

'홀수 개 연속수의 합=중간수×연속수의 개수'로 구할 수 있으므로

1~25까지의 합은 13×25=3250고,

각 가로, 세로, 대각선의 수들의 합이 같아야 하므로

한 줄의 합은 325÷5=65가 되어야 합니다.

가운데에 13을 쓰고 합이 26이 되는 (1, 25), (2, 24), … , (11, 15), (12, 14)를

두 쌍씩 배열하면 마방진을 완성할 수 있습니다.

5×5 마방진을 완성할 수 있는 경우는 275,305,224가지입니다.

17	24	1	8	15
23	5	7	14	16
4	6	13	20	22
10	12	19	21	3
11	18	25	2	9

23	6	19	2	15
10	18	1	14	22
17	5	13	21	9
4	12	25	8	16
11	24	7	20	3

강을 왕복하는데 걸린 시간

경인아라뱃길은 인천 앞바다와 한강을 연결하는 국내 최초의 운하입니다. 운하는 선박이 오가거나, 농지에 물을 넣고 빼기 위해 인공적으로 만든 수로입니다. 경인아라뱃길의 길이는 18 km이고, 양옆에는 자전거 도로와 공원이 조성되어 있습니다. 현재 뱃길에는 주로 유람선과 요트가 오가지만, 인천과 김포터미널에 물류센터가 들어서면 상선들도 운항할 예정입니다.

정답
90쪽

경인아라뱃길의 강물은 평균 4 km/h로 흐르고 유람선이 다니는 구간은 16 km입니다. 예은이는 16 km를 평균 12 km/h의 속력으로 움직이는 유람선을 타고 왕복했고, 유준이는 평균 12 km/h의 속력으로 자전거를 타고 왕복했습니다. 예은이와 유준이가 동시에 출발했을 때 먼저 도착하는 사람은 누구일까요?

 유람선이 흐르는 강물을 따라갈 때와 강물을 거슬러 갈 때의 속력을 생각해 보세요.

답을 구하기 어렵다면 다음 페이지의 **힌트를 참고하여 다시 도전!**

운동하는 물체는 시간에 따라 위치가 변합니다. 운동하는 물체의 빠르기를 속력이라고 하며 단위 시간 동안 이동한 거리로 나타냅니다.

'속력=이동 거리÷걸린 시간'으로 구할 수 있으며 km/h, m/s 등의 단위를 사용합니다.

Q1. 유건이가 100 m를 걷는 데 25초 걸렸습니다. 유건이의 속력은 얼마일까요?

100 m÷25 s=4 m/s

Q2. 자동차가 3시간 동안 180 km를 달렸습니다. 이 자동차의 속력은 얼마일까요?

180 km÷3 h=60 km/h

Q3. 어떤 육상 선수가 110 m 장애물달리기에서는 22초를 기록하였고, 1.5 km 달리기에서는 4분 10초를 기록하였습니다. 이 육상 선수는 어느 경기에서 더 빨랐나요?

이동 거리와 시간이 다를 경우 같은 단위로 맞추어 계산합니다.

1.5 km는 1,500 m이고, 4분 10초는 250초입니다.

(장애물달리기 속력)=110 m÷22 s=5 m/s

(1.5 km 달리기 속력)=1,500 m÷250 s=6 m/s

이 육상 선수는 1.5 km 달리기에서 더 빨랐습니다.

Q4. 서울에서 부산까지 450 km를 90 km/h의 속력으로 이동하는 자동차를 타고 가면 얼마나 걸릴까요?

450 km÷90 km/h=5 h

유람선은 흐르는 강물을 따라 움직이므로

강물이 흐르는 방향에 따라 속력이 달라집니다.

(유람선이 강물을 따라갈 때 속력)=12 km/h+4 km/h=16 km/h

(유람선이 강물을 거슬러 갈 때 속력)=12 km/h−4 km/h=8 km/h

(유람선이 강물을 따라갈 때 걸린 시간)=16 km÷16 km/h=$\dfrac{16\ km}{16\ km/h}$=1 h

(유람선이 강물을 거슬러 갈 때 걸린 시간)=16 km÷8 km/h=$\dfrac{16\ km}{8\ km/h}$=2 h

유람선을 타고 16 km를 왕복하면 총 3시간이 걸립니다.

(자전거를 타고 갈 때 걸린 시간)=16 km÷12 km/h=$\dfrac{16\ km}{12\ km/h}$=1시간 20분

자전거를 타고 16 km를 왕복하면 총 2시간 40분이 걸립니다.

따라서 예은이와 유준이가 동시에 출발하면 유준이가 먼저 도착합니다.

다른 속력으로 왕복하는 물체의 평균 속력

'속력 = 이동 거리÷걸린 시간'으로 구합니다.
같은 거리를 이동할 때 갈 때와 올 때의 속력이 다른 경우에 평균 속력을 구하려면
먼저 총 이동 거리와 총 걸린 시간을 구한 후 속력을 계산해야 합니다.
유람선이 흐르는 강물을 따라갈 때의 속력은 16 km/h이고, 1시간이 걸립니다.
유람선이 흐르는 강물을 거슬러 갈 때의 속력은 8 km/h이고, 2시간이 걸립니다.
유람선이 왕복할 때 평균 속력 = (16 + 16)km÷(1 + 2)h = 10.66... km/h입니다.
강물을 따라갈 때의 속력이 16 km/h이고 거슬러 갈 때의 속력이 8 km/h이므로
이 두 속력의 평균값으로 평균 속력을 구하면 안 됩니다.
{(16 + 8)÷2}km/h = 12 km/s ---- ✗
16 km/h로 이동한 시간과 8 km/h로 이동한 시간이 다르기 때문에 두 속력의
평균값으로 평균 속력을 구하면 틀립니다.

다트 게임의 점수

다트는 작은 화살이란 뜻을 가지고 있으며, 짧고 통통하게 생긴 화살을 손으로 던져 과녁에 맞히는 경기입니다. 5백여 년 전 영국 왕 헨리 6세의 왕위 계승 문제를 둘러싸고 벌어진 30년 전쟁에서 전투에 지친 병사들이 틈틈이 빈 술통의 뚜껑을 나무 기둥이나 성벽에 달아 놓고 부러진 화살촉을 던져 맞히기 내기를 한데서 유래되었습니다.

다음과 같이 1, 5, 9점을 얻을 수 있는 다트판이 있습니다. 다트가 가운데 붉은색 원 부분에 꽂히면 9점, 흰색 부분에 꽂히면 5점, 파란색 부분에 꽂히면 1점을 얻습니다.

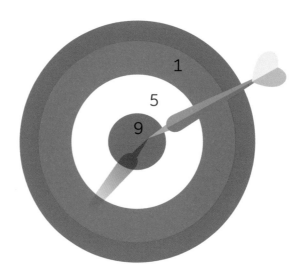

정답
90쪽

예은, 유준, 유건이가 다트 게임을 한 후 다음과 같이 이야기했습니다. 세 사람 중에서 거짓말을 한 사람은 누구일까요? (단, 모든 다트가 점수를 얻었습니다.)

- 예은 : 나는 다트를 10번 던져서 45점을 얻었어.
- 유준 : 나는 다트를 13번 던져서 57점을 얻었어.
- 유건 : 나는 다트를 16번 던져서 64점을 얻었어.

다트를 던져 얻을 수 있는
점수의 규칙성을 찾아보세요.

답을 구하기 어렵다면 다음 페이지의 **힌트를 참고하여 다시 도전!**

1점, 4점, 7점을 얻을 수 있는 다트판이 있고, 모든 다트가 점수를 얻었습니다.

1점, 4점, 7점은 (4-3)점, (4+0)점, (4+3)점으로 나타낼 수 있습니다.

Q1. 다트를 한 번 던졌을 때 얻을 수 있는 점수를 모두 구해 보세요.

1점 → $(4 \times 1) - (3 \times 1)$

4점 → $(4 \times 1) + (3 \times 0)$

7점 → $(4 \times 1) + (3 \times 1)$

Q2. 다트를 두 번 던졌을 때 얻을 수 있는 점수를 모두 구해 보세요.

1점+1점=2점 → $(4 \times 2) - (3 \times 2)$

1점+4점=5점 → $(4 \times 2) - (3 \times 1)$

1점+7점=8점 → $(4 \times 2) - (3 \times 0)$

4점+4점=8점 → $(4 \times 2) + (3 \times 0)$

4점+7점=11점 → $(4 \times 2) + (3 \times 1)$

7점+7점=14점 → $(4 \times 2) + (3 \times 2)$

Q3. 다트를 세 번 던졌을 때 얻을 수 있는 점수를 모두 구해 보세요.

1점+1점+1점=3점 → $(4 \times 3) - (3 \times 3)$

1점+4점+1점=6점 → $(4 \times 3) - (3 \times 2)$

1점+4점+4점=9점 → $(4 \times 3) - (3 \times 1)$

1점+4점+7점=12점 → $(4 \times 3) - (3 \times 0)$

1점+7점+7점=15점 → $(4 \times 3) + (3 \times 1)$

$\vdots$

다트를 ☐ 번을 던졌을 경우 나올 수 있는 점수는 '$(4 \times ☐) \pm 3$의 배수'가 됩니다.

1점, 5점, 9점은

(5−4)점, (5+0)점, (5+4)점으로 나타낼 수 있습니다.

□번을 던졌을 경우 얻을 수 있는 점수는 '(5×□)±4의 배수'가 됩니다.

예은이는 10번 던졌으므로 점수는 (5×10)±4의 배수=50±4의 배수,

유준이는 13번 던졌으므로 점수는 (5×13)±4의 배수=65±4의 배수,

유건이는 16번 던졌으므로 점수는 (5×16)±4의 배수=80±4의 배수입니다.

따라서 각 점수를 4로 나누었을 때

예은이는 (50±4의 배수)÷4이므로 나머지가 2,

유준이는 (65±4의 배수)÷4이므로 나머지가 1,

유건이는 (80±4의 배수)÷4이므로 나머지가 0이 되어야 합니다.

각 점수를 4로 나누면

예은이 점수는 45÷4=11…1, 나머지가 2가 아니므로 거짓입니다.

유준이 점수는 57÷4=14…1, 나머지가 1이 되므로 맞습니다.

유건이 점수는 64÷4=16…0, 나머지가 0이므로 맞습니다.

따라서 거짓말을 한 사람은 예은이입니다.

Congratulations!
Escape Success!

수와 연산

문제	1	2	3	4	5
정답	23회	26개	0	16	55
◯표 하는 곳					
문제	6	7	8	9	10
정답	일요일	65번	13	유준	예은
◯표 하는 곳					

내가 맞힌 문제의 수 : 총 (   )개

안쌤의 Solution

◆ 8개 이상 다양한 방법으로 문제를 풀어보세요.

◆ 5 ~ 7개 다양한 수학 사고력 문제로 융합사고력을 기르세요.

◆ 4개 이하 틀린 문제의 힌트로 사고력 유형을 연습하세요!

신나는 수학 방탈출

GO TO THE NEXT ROOM

Welcome!

규칙성과 문제해결

01 같은 색 공을 뽑은 횟수

02 최소 시간으로 말을 옮기는 방법

03 준비해야 할 경기 수

04 밖으로 나갈 수 있는 방법

05 최소 시간으로 배달하는 방법

06 아파트 단지에 필요한 정수기 관리자 수

07 비둘기집 원리

08 자동차 번호판의 개수

09 잠금 해제 패턴의 개수

10 양팔저울에 추를 올리는 방법

ENTER THE ESCAPE ROOM

같은 색 공을 뽑은 횟수

안이 보이지 않는 주머니에 빨간색 공 16개와 파란색 공 14개가 들어 있습니다. 주머니 안을 보지 않고 동시에 2개의 공을 뽑아 같은 색깔의 공이 나오면 상금으로 1,000원을 받을 수 있습니다. 한 번 뽑은 공은 다시 주머니에 넣지 않으며 주머니에 공이 하나도 없을 때까지 게임을 진행합니다.

정답
134쪽

이 게임으로 7,000원의 상금을 받았습니다. 빨간색 공 2개를 몇 번
뽑았을까요?

공을 모두 꺼냈을 때 받을 수 있는 상금의
최소 금액과 최대 금액을 구해 보세요.

답을 구하기 어렵다면 다음 페이지의 **힌트를 참고하여 다시 도전!**

주머니에 빨간색 공 16개와 파란색 공 14개가 들어 있습니다. 한 번에 공을 2개씩 뽑으므로 총 15번 공을 뽑을 수 있습니다.

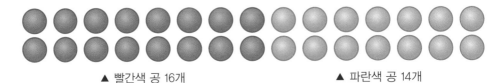

▲ 빨간색 공 16개　　　　　　　▲ 파란색 공 14개

Q1. 이 게임에서 받을 수 있는 상금의 최소 금액은 얼마일까요?

한 번에 빨간색 공과 파란색 공을 각각 1개씩 14번 뽑고, 남은 빨간색 공 2개를 뽑으면 상금을 1번 받을 수 있습니다. 이때 상금은 1,000원입니다.

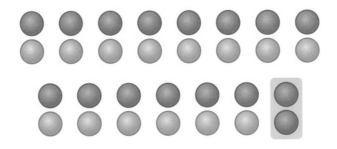

Q2. 이 게임을 해서 받을 수 있는 상금의 최대 금액은 얼마일까요?

한 번에 빨간색 공 2개를 8번 뽑고, 파란색 공 2개를 7번 뽑으면 상금을 15번 받을 수 있습니다. 이때 상금은 15,000원입니다.

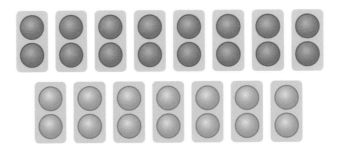

이 게임으로 7,000원의 상금을 받으려면 공을 15번 뽑는 동안

7번은 같은 색깔의 공을 뽑고, 8번은 다른 색깔의 공을 뽑아야 합니다.

다른 색깔의 공을 8번 뽑으면 빨간색 공 8개와 파란색 공 6개가 남습니다.

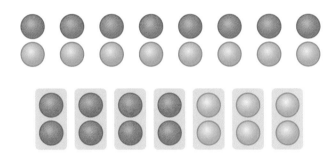

순서에 상관없이 빨간색 공을 2개씩 4번 뽑고, 파란색 공을 2개씩 3번 뽑으면 상금 7,000원을 받을 수 있습니다.

따라서 빨간색 공 2개를 뽑는 횟수는 4번입니다.

또 다른 문제 유형

만약 이 게임에서 다른 색깔의 공을 뽑은 횟수만큼 상금에서 500원씩 돌려주어야 한다면 게임에서 6,000원의 상금을 받았을 때 빨간색 공 2개와 파란색 공 2개를 각각 몇 번씩 뽑았을까요?

같은 색깔의 공을 7번 뽑고, 다른 색깔의 공을 8번 뽑으면

500×8=4,000(원)을 돌려주어 상금은 7,000−4,000=3,000(원)이 됩니다.

6,000원을 최종 상금으로 받으려면

다른 색깔의 공을 6번 뽑고, 같은 색깔의 공을 9번 뽑으면 됩니다.

다른 색깔의 공을 6번 뽑으면 빨간색 공 10개와 파란색 공 8개가 남습니다.

빨간색 공을 2개씩 5번 뽑고, 파란색 공을 2개씩 4번 뽑으면 상금 9,000원을 받고,

다른 색깔의 공을 6번 뽑았으므로 500×6=3,000(원)을 돌려주어야 합니다.

따라서 9,000−3,000=6,000(원)의 상금을 받을 수 있습니다.

최소 시간으로 말을 옮기는 방법

한 마부가 서쪽 마을에 있는 4마리의 말을 동쪽 마을로 옮기려고 합니다. 서쪽 마을과 동쪽 마을 사이를 이동하는 데 말 A는 1시간, 말 B는 2시간, 말 C는 4시간, 말 D는 5시간이 걸립니다. 마부는 한 번에 서쪽 마을에서 동쪽 마을로 말을 2마리씩 옮기고, 돌아올 때는 동쪽 마을로 옮긴 말 중에서 1마리를 타고 옵니다.

정답
134쪽

서쪽 마을에 있는 4마리의 말을 동쪽 마을로 옮기는 데 걸리는 최소
시간은 몇 시간일까요? (단, 느린 말은 빠른 말을 따라갈 수 없으므로
두 마리의 말을 옮기는 데 걸리는 시간은 느린 말을 기준으로 합니다.)

어떤 말들을 두 마리씩
같이 옮기면 좋을지 생각해 보세요.

답을 구하기 어렵다면 다음 페이지의 **힌트를 참고하여 다시 도전!**

말 A, B, C, D 4마리가 서쪽 마을에서 동쪽 마을을 가는 데 걸리는 시간은 다음과 같습니다.

구분	A	B	C	D
걸리는 시간(시간)	1	2	4	5

Q1. 말 A와 말 D를 함께 옮기면 몇 시간이 걸릴까요?

느린 말이 빠른 말을 따라갈 수 없으므로 느린 말 D가 가는데 걸리는 시간인 5시간이 걸립니다.

Q2. 가장 먼저 옮겨야 하는 2마리는 어떤 말일까요?

2마리를 옮긴 후 1마리를 다시 타고 돌아와야 하므로 빠른 말을 먼저 옮겨야 합니다. 따라서 말 A와 B를 먼저 옮겨야 합니다.

Q3. 가장 느린 말 D는 어떤 말과 함께 옮겨야 할까요?

이동 속도가 비슷한 말끼리 함께 옮겨야 시간을 줄일 수 있으므로 말 D는 말 C와 함께 옮겨야 합니다.

Q4. 마부가 다시 돌아올 때 어떤 말을 타고 오는 것이 좋을까요?

이동 속도가 빠른 말 A 또는 말 B를 타는 것이 좋습니다.

해설

가장 빠른 말 A와 B를 먼저 옮깁니다. → 말 B가 느리므로 2시간 걸립니다.

빠른 말 A를 타고 돌아옵니다. → 1시간 걸립니다.

이동 속도가 비슷한 말 C와 D를 옮깁니다. → 말 D가 느리므로 5시간 걸립니다.

남아 있는 말 중 가장 빠른 말 B를 타고 돌아옵니다. → 2시간 걸립니다.

말 A와 B를 옮깁니다. → 말 B가 느리므로 2시간 걸립니다.

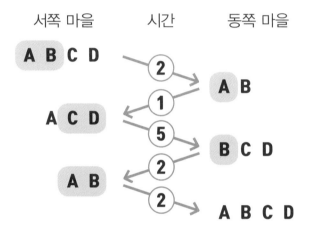

따라서 4마리의 말을 모두 옮기는 데 걸리는 최소 시간은

2+1+5+2+2=12(시간)입니다.

가장 빠른 말 A와 B를 먼저 옮기고 말 B를 타고 돌아온 후

이동 속도가 비슷한 말 C와 D를 옮기고 말 A를 타고 돌아와

말 A와 B를 옮길 수 있습니다.

이 경우에도 4마리의 말을 모두 옮기는 데 걸리는 최소 시간은

2+2+5+1+2=12(시간)입니다.

Mission
03

준비해야 할 경기 수

스포츠 경기를 보다 보면 리그전, 토너먼트전이라는 단어를 들을 수 있습니다. 리그
전과 토너먼트전은 여러 명의 승부를 가리기 위해 경기를 진행하는 방식입니다.

리그전은 참가자끼리 서로 한 번씩 모두 경기하여 최종 승패 결과로 순위를 가리고,
토너먼트전은 먼저 각각 두 명씩 경기를 하고, 진 사람은 탈락하고 이긴 사람끼리
다시 경기를 하여 순위를 가립니다. 리그전은 참가자 모두가 평등하게 시합할 기회가
주어지지만 시간이 오래 걸립니다. 토너먼트전은 한 경기에서만 지더라도 탈락하기
때문에 대진표에 영향을 많이 받습니다. 따라서 대부분 스포츠 경기에서는 리그
전과 토너먼트전을 혼합하여 우승자를 뽑습니다.

4명의 리그전과 토너먼트 대진표는 다음과 같습니다.

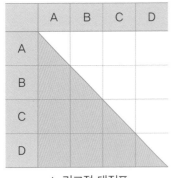

▲ 리그전 대진표

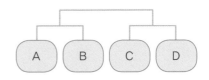

▲ 토너먼트전 대진표

정답
134쪽

전국체전에 100명의 탁구 선수가 모였습니다. 개인전으로 6명이 남을 때까지는 토너먼트전으로 진행하고, 남은 6명은 리그전으로 우승자를 가리기로 하였습니다. 준비위원회는 1위를 결정하기 위해 몇 번의 경기를 준비해야 할까요?

리그전과 토너먼트전에서 치르는
경기 수를 각각 구해 보세요.

답을 구하기 어렵다면 다음 페이지의 **힌트를 참고하여 다시 도전!**

Q1. A, B, C 3명이 리그전을 할 경우에 몇 번의
경기를 해야 할까요?
모든 팀이 한 번씩 경기를 해야 하므로
(A, B), (A, C), (B, C)
총 3번입니다.

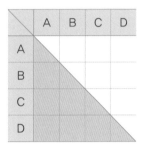

Q2. A, B, C, D 4명이 리그전을 할 경우에
몇 번의 경기를 해야 할까요?
모든 팀이 한 번씩 경기를 해야 하므로
(A, B), (A, C), (A, D), (B, C), (B, D), (C, D)
총 6번입니다. ➡ (4×3)÷2=6(번)

Q3. 리그전 경기 수를 구하는 방법은 무엇일까요?
리그전 경기 수={참가한 인원수×(참가한 인원수−1)}÷2

Q4. A~H 8명이 토너먼트전을 할 경우에 몇 번의 경기를 해야 할까요?
4+2+1=7(번)입니다.

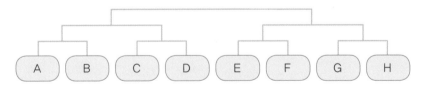

Q5. 토너먼트전의 경기 수를 구하는 방법은 무엇일까요?
토너먼트전 경기 수= 참가한 인원수−1

먼저 100명에서 6명이 남으려면 100−6=94(명)의 탈락자가 있어야 합니다.

토너먼트 방식은 1번 경기를 하면 1명이 탈락하므로

94명의 탈락자가 생기려면 94번 경기를 해야 합니다.

남은 6명은 리그전을 진행하므로
필요한 경기 수는
(6×5)÷2=15(번)입니다.

	A	B	C	D	E	F
A						
B						
C						
D						
E						
F						

따라서 준비위원회에서
준비해야 하는 경기 수는
토너먼트전 94번과 리그전 15번,
94+15=109(번)입니다.

리그전 경기 수를 구하는 다른 방법

- 4팀이 리그전을 하는 경우 : 3+2+1=6(번)
- 5팀이 리그전을 하는 경우 : 4+3+2+1=10(번)
- 6팀이 리그전을 하는 경우 : 5+4+3+2+1=15(번)
- 7팀이 리그전을 하는 경우 : 6 + 5+4+3+2+1=21(번)

리그전 경기 수＝(참가한 인원수−1)+(참가한 인원수−2)+⋯+1

Mission 04

밖으로 나갈 수 있는 방법

약 250년 전 독일 쾨니히스베르크에 다음과 같이 7개의 다리가 있었습니다. 사람들은 7개의 다리를 한 번만 건너서 모든 다리를 건널 수 있는지 여러 방법으로 시도를 해 보았지만 아무도 경로를 찾지 못했습니다. 사람들은 오일러에게 이 문제를 해결해달라고 부탁했습니다. 오일러는 7개의 다리를 한 번만 건너서 모든 다리를 건너는 방법은 불가능하다고 수학적으로 증명했습니다.

붓을 한 번도 종이 위에서 떼지 않고 같은 곳을 두 번 지나지 않으면서 어떤 도형을 그리는 것을 한붓그리기 또는 오일러 경로라고 부릅니다.

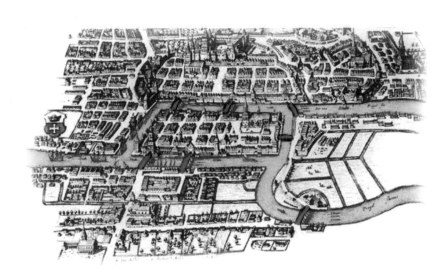

정답
134쪽

방 A, B, C, D, E, F, G, H 중 어느 방에서 출발해야 모든 문을 한 번 씩만 지난 후 밖으로 나갈 수 있을까요? (단, 지나온 방을 다시 지나갈 수 있습니다.)

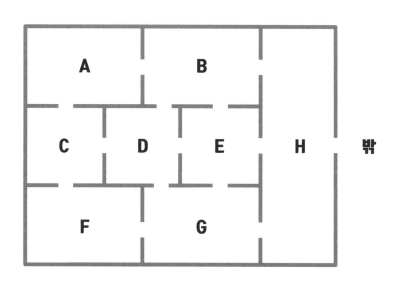

 한붓그리기를 할 수 있는 방법을 생각해 보세요.

답을 구하기 어렵다면 다음 페이지의 **힌트를 참고하여 다시 도전!**

Q1. 다음 도형 중에서 한붓그리기를 할 수 있는 도형은 어느 것일까요?

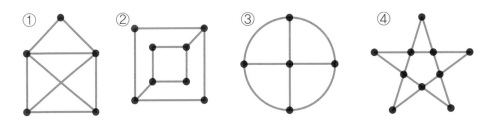

직접 그려서 한붓그리기를 할 수 있는지 알 수도 있지만, 각 점에 연결된 선의
개수를 구하면 좀 더 쉽게 알 수 있습니다.

한 점에 모인 선의 개수가 홀수 개인 점을 홀수점, 짝수 개인 점을 짝수점이
라고 할 때 각 도형에서 홀수점의 개수가 ①은 2개, ②는 4개, ③은 4개, ④는
없습니다.

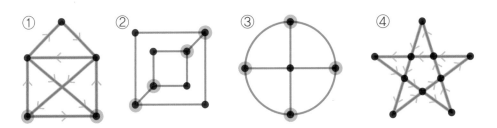

홀수점이 없거나 2개인 도형만 한붓그리기가 가능합니다. 홀수점은 지나가
는 점으로 사용할 수 없고, 출발점이나 도착점으로만 사용할 수 있기 때문입
니다. 홀수점이 없는 도형은 출발점과 도착점이 같습니다.

따라서 ②와 ③은 한붓그리기를 할 수 없고, ①과 ④는 한붓그리기를 할 수
있습니다.

방과 밖을 점으로, 문을 선으로 나타내면 다음과 같은 도형으로 그릴 수 있습니다.

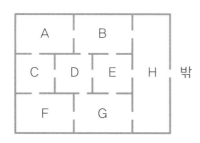 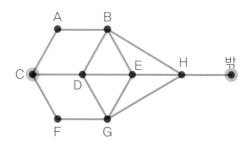

각 점에 연결된 선의 개수를 구하면

A는 2개, B는 4개, C는 3개, D는 4개, E는 4개, F는 4개, G는 4개, H는 4개, 밖은 1개이므로 홀수점은 C와 밖, 2개입니다.

홀수점이 2개이므로 두 홀수점을 출발점과 도착점으로 사용하면 한붓그리기를 할 수 있습니다. 밖이 도착점이므로 출발점은 C입니다.

C에서 출발하여 모든 문을 지난 후 밖으로 나오는 경로는 여러 가지가 있습니다.

C-A-B-D-C-F-G-D-E-H-B-E-G-H-밖

C-F-G-H-E-D-C-A-B-D-G-E-B-H-밖

C-D-G-F-C-A-B-D-E-B-H-G-E-H-밖

    ⋮

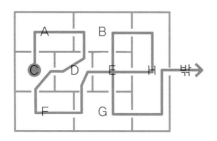 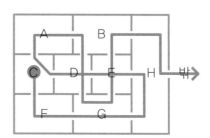

최소 시간으로 배달하는 방법

다음 도형에서 모든 변을 정확하게 한 번씩만 지나는 길을 한붓그리기 또는 오일러 경로라고 합니다.

도형에 있는 모든 선을 지나가지 않아도 되지만 모든 점을 지나가는 길을 해밀턴 경로 라고 합니다. 일반적인 해밀턴 경로는 출발점과 도착점이 다르지만, 다시 출발점으로 되돌아올 수 있는 길은 해밀턴 회로라고 합니다.

해밀턴 경로는 컴퓨터나 전기회로를 만들 때, 배달하는 사람이 최적화된 경로를 찾을 때, 두 도시를 연결하는 최단 거리의 도로를 건설하거나 배수관을 놓을 때, 송유관을 통해 기름을 이동시킬 때, 지하철을 환승할 때, 지도를 보고 가장 짧은 시간에 원하는 유적지를 관광할 수 있는 길을 찾을 때, 미로에서 길을 찾을 때 등 일상생활과 많이 연결되어 있으며, 네트워크에서 최적의 흐름도를 결정하는 데 크게 기여하고 있습니다.

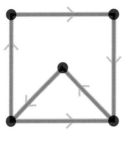

▲ 오일러 경로

▲ 해밀턴 경로

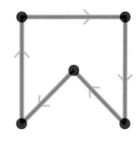

▲ 해밀턴 회로

정답
134쪽

택배 기사 A 씨는 물류 창고가 있는 ㉠에서 물건을 차에 싣고 ㉠~㉣
4개 지역에 물건을 모두 배달한 후 다시 물류 창고가 있는 ㉠으로
돌아와야 합니다. 택배 기사가 물건을 배달하고 다시 돌아오는 데
걸리는 최소 시간은 몇 분일까요?

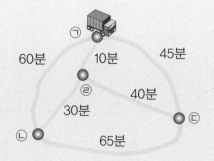

오일러 경로, 해밀턴 경로, 해밀턴 회로 중
어떤 것을 이용하면 좋을지 생각해 보세요.

답을 구하기 어렵다면 다음 페이지의 **힌트를 참고하여 다시 도전!**

오일러 경로와 달리 해밀턴 경로는 일반화된 이론이나 규칙이 없으므로, 시행착오를 겪으며 가능한 모든 경우를 찾아야 합니다.

Q1. 다음 도형 중에서 해밀턴 경로가 있는 것을 찾고, 경로를 그려보세요.

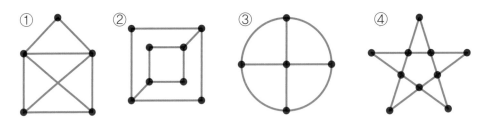

Q2. 다음 도형에서 찾을 수 있는 해밀턴 경로를 모두 그려보세요.

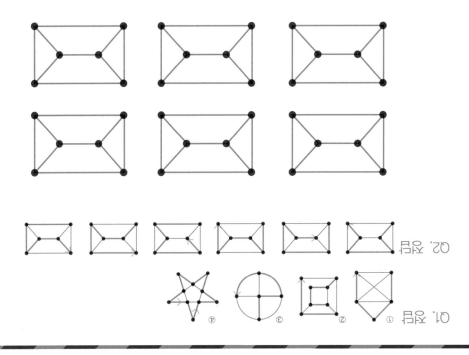

택배 기사 A 씨가 ㉠~㉣ 4개 지역에 물건을 배달하고 다시 돌아오는 데 걸리는 최소 시간을 구하는 문제는 해밀턴 회로를 활용하여 풀 수 있습니다. 최소 시간이 걸리는 가장 좋은 경로를 찾기 위해서는 모든 해밀턴 회로를 찾아 그 값을 비교해야 합니다.

택배 기사 A 씨가 이동할 수 있는 길은 다음과 같습니다.

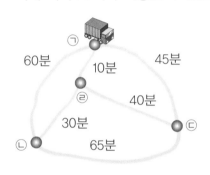

- ㉠－㉡－㉢－㉣－㉠
- ㉠－㉣－㉢－㉡－㉠
- ㉠－㉡－㉣－㉢－㉠
- ㉠－㉢－㉣－㉡－㉠
- ㉠－㉣－㉡－㉢－㉠
- ㉠－㉢－㉡－㉣－㉠

이 중 같은 것이 2개씩 있으므로 3가지 경우만 걸리는 시간을 계산하면 다음과 같습니다.

- ㉠－㉡－㉢－㉣－㉠ : 60분＋65분＋40분＋10분＝175분
- ㉠－㉡－㉣－㉢－㉠ : 60분＋30분＋40분＋45분＝175분
- ㉠－㉣－㉡－㉢－㉠ : 10분＋30분＋65분＋45분＝150분

따라서 택배 기사 A 씨가 ㉠~㉣ 4개 지역에 물건을 배달하고 다시 돌아오는 데 걸리는 최소 시간은 150분입니다.

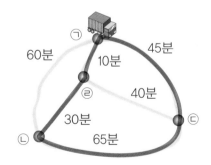

아파트 단지에 필요한 정수기 관리자 수

다음과 같은 질문은 단번에 대답하기 어려운 문제들입니다.

이런 문제들에 대해 기초적인 지식과 논리적인 추정※만으로 짧은 시간 안에 대략적인 답을 생각해내는 방법을 페르미 추정이라고 합니다.

- 전국에 자동차는 몇 대 있을까?
- 서울시에 바퀴벌레는 몇 마리 있을까?
- 여름 휴가철에 부산 해운대 해수욕장의 하루 이용객은 몇 명일까?
- 대구에서 하루 동안 판매되는 치킨은 몇 마리일까?
- 전 세계 유튜브 시청자는 몇 명일까?

 ※ 추정 미루어 생각하여 판정하는 것

정답
134쪽

안쌤 아파트 단지에 필요한 정수기 관리자 수는 몇 명일까요? (단, 1년은 50주로 계산합니다.)

- 안쌤 아파트 단지의 세대 수 : 1,000세대
- 안쌤 아파트 단지 세대의 정수기 보유율 : 90 %
- 정수기 관리 주기 : 4개월
- 정수기 1대당 관리 시간 : 1명, 2시간(이동 시간 포함)
- 정수기 관리자의 근무 시간 : 주 5일, 8시간 근무

안쌤 아파트에 있는 정수기를 연간 관리해야 하는 건수와 정수기 관리자 1명이 연간 정수기 관리하는 건수를 각각 구해 보세요.

답을 구하기 어렵다면 다음 페이지의 **힌트를 참고하여 다시 도전!**

페르미 추정은 노벨물리학상을 받은 엔리코 페르미(1901년~1954년)가 물리량 추정에 뛰어났고, 그가 학생들에게 독특한 문제를 냈다고 하여 붙여진 이름입니다. 페르미 추정은 정확한 값을 구하는 것보다 스스로 가설을 세우고 문제를 해결해나가는 과정을 중요하게 생각합니다.

'시카고에 피아노 조율사는 몇 명 있을까?'에 대한 페르미 추정 과정을 마인드맵으로 나타내면 다음과 같습니다.

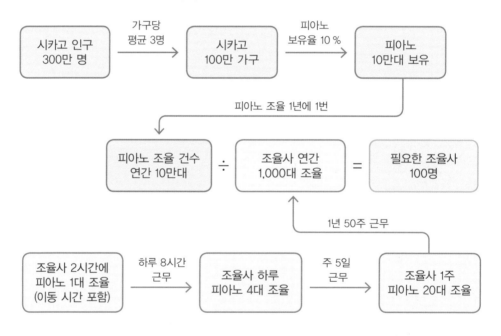

페르미 추정은 대략적인 답을 얻기 위한 추정 방법이므로 정확한 수보다는 평균이나 연산하기 쉬운 수로 추정하여 문제를 해결하는 것이 좋습니다.

주어진 자료를 이용하여 안쌤 아파트 단지에 필요한 정수기 관리자 수를 구하는 페르미 추정 과정을 마인드맵으로 나타내면 다음과 같습니다.

> • 안쌤 아파트 단지의 세대 수 : 1,000세대
> • 안쌤 아파트 단지 세대의 정수기 보유율 : 90 %
> • 정수기 관리 주기 : 4개월
> • 정수기 1대당 관리 시간 : 1명, 2시간(이동 시간 포함)
> • 정수기 관리자의 근무 시간 : 주 5일, 8시간 근무

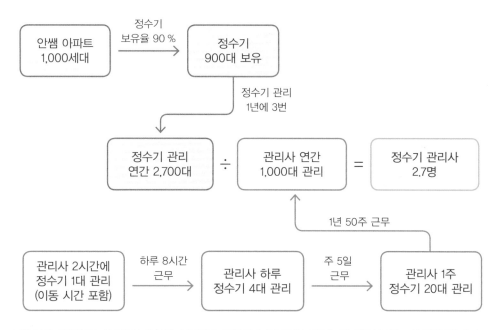

페르미 정리로 추정한 안쌤 아파트 단지에 필요한 정수기 관리자는 2.7명입니다.

그러나 사람은 소수로 셈할 수 없으므로 올림하여 구해야 합니다.

따라서 필요한 정수기 관리자의 수는 3명입니다.

비둘기집 원리

10마리의 비둘기가 9개의 비둘기집에 모두 들어가 있다면 적어도 한 개 이상의 집에는 2마리 이상의 비둘기가 있습니다. 9개의 비둘기집에 각각 비둘기를 1마리씩 넣으면, 최대 9마리가 들어갈 수 있으므로 10번째 비둘기가 있는 집에는 2마리가 들어가게 됩니다.

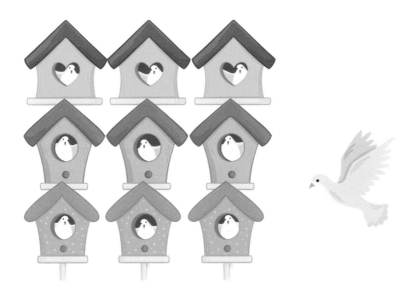

(□+1)개의 물건을 □개의 상자에 넣을 때 적어도 한 개의 상자에는 2개 이상의 물건이 들어 있게 되는 원리를 비둘기집 원리 또는 디리클레인 상자의 원리라고 합니다. 이 원리는 직접적으로 증명하기 어려운 문제를 간접적으로 증명할 때 매우 유용하게 사용됩니다.

정답
134쪽

상자에 서로 다른 6가지 색깔의 양말이 각각 20켤레씩 섞여 있습니다. 양말을 보지 않고 1개씩 꺼낼 때 같은 색깔의 양말 세 켤레가 만들어지게 하려면 양말을 최소한 몇 개 꺼내야 할까요?

비둘기집 원리를 이용해 보세요.

답을 구하기 어렵다면 다음 페이지의 **힌트를 참고하여 다시 도전!**

Q1. 상자 안에 주황색 양말과 파란색 양말이 각각 2켤레씩 섞여 있습니다. 보지 않고 양말을 꺼낼 때 같은 색깔의 양말 한 켤레가 만들어지게 하려면 양말을 최소한 몇 개 꺼내야 할까요?

처음에 꺼낸 2개의 양말 색깔이 달라도 세 번째 꺼낸 양말은 둘 중 하나와 반드시 같은 색입니다.

세 번째 꺼낸 양말은 반드시 한 켤레가 됨

1번째   2번째

따라서 최소 3개의 양말을 꺼내면 같은 색깔의 양말 한 켤레가 만들어집니다. 양말 3개를 꺼냈을 때 나올 수 있는 경우는 다음과 같습니다.

주황색 3개   파란색 3개   파란색 2개   주황색 2개
                              +주황색 1개   +파란색 1개

양말 3개를 꺼내면 어떤 경우에도 같은 색의 양말 한 켤레를 만들 수 있습니다.

Q2. 상자 안에 주황색, 노란색, 파란색, 초록색 양말이 각각 4켤레씩 섞여 있습니다. 보지 않고 양말을 꺼낼 때 같은 색깔의 양말 한 켤레가 만들어지게 하려면 양말을 최소한 몇 개 꺼내야 할까요?

처음에 꺼낸 4개의 색깔이 달라도 다섯 번째 꺼낸 양말은 이미 꺼내 놓은 양말 중 하나와 짝을 맞춰 한 켤레를 만들 수 있습니다. 따라서 최소 5개의 양말을 꺼내면 같은 색깔의 양말 한 켤레가 만들어집니다.

상자에 서로 다른 6가지 색깔의 양말이 각각 20켤레씩 섞여 있습니다.

양말의 색이 6가지이므로 같은 색깔의 양말 한 켤레가 만들어지게 하려면
최소 7개의 양말을 꺼내면 됩니다.

(예)

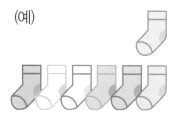

짝을 맞춘 한 켤레를 따로 빼놓으면 양말 5개가 남습니다.
상자에서 양말 2개를 더 꺼내면
7개가 되어 같은 색깔의 양말 한 켤레를 더 만들 수 있습니다.

(예)

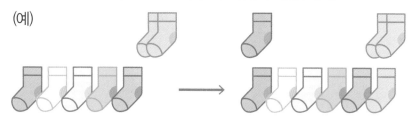

다시 한 번 상자에서 양말 2개를 더 꺼내면
7개가 되어 같은 색깔의 양말 한 켤레를 더 만들 수 있습니다.
따라서 같은 색깔의 양말 세 켤레를 만들어지게 하려면
최소 7+2+2=11(개)의 양말을 꺼내면 됩니다.

잠금 해제 패턴의 개수

개인 사물함을 보호하기 위해 자물쇠를 설치하듯 스마트폰에도 잠금장치가 있습니다. 밀어서 잠금 해제는 화면을 손으로 밀어내는 동작으로 잠금을 해제하는 기술입니다. 이것은 우연한 접촉이 아닌 의도적인 조작에 의해서만 잠금이 해제된다는 것을 의미합니다. 패턴식 잠금 해제는 잠금 해제 기능과 비밀번호 설정 기능이 결합한 기술입니다. 잠금 해제 패턴은 9개의 점 중 일부를 연결하는 방식으로 만듭니다. 패턴을 만들기 위해서는 적어도 2개의 점을 연결해야 하며, 패턴식 잠금 해제는 최소 4개의 점을 거쳐야만 활성화됩니다.

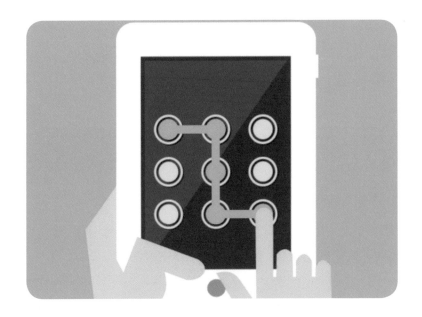

정답
134쪽

점 5개를 연결하여 잠금 해제 패턴을 만들려고 합니다. 선분이 4개, 직각이 3개 있는 잠금 해제 패턴을 모두 몇 가지 만들 수 있을까요?

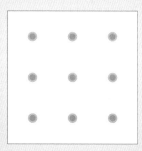

 각 점에서 가능한 경우의 수를 모두 찾아보세요.

답을 구하기 어렵다면 다음 페이지의 **힌트를 참고하여 다시 도전!**

Q1. 점 2개를 연결하는 잠금 해제 패턴은 모두 몇 가지일까요?

1, 3, 7, 9번에서 시작해 그릴 수 있는 패턴은 각각 5가지,

2, 4, 6, 8번에서 시작해 그릴 수 있는 패턴은 각각 7가지,

5번에서 시작해 그릴 수 있는 패턴은 8가지입니다.

따라서 (4×5)+(4×7)+8=56(가지)입니다.

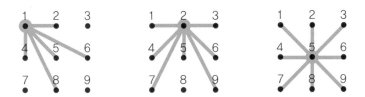

Q2. 점 3개를 연결하는 잠금 해제 패턴은 모두 몇 가지일까요?

Q1의 경우에서 점 1개를 더 연결하는 경우를 찾아봅니다.

1, 3, 7, 9번에서 시작해 그릴 수 있는 패턴은 각각 31가지,

2, 4, 6, 8번에서 시작해 그릴 수 있는 패턴은 각각 35가지,

5번에서 시작해 그릴 수 있는 패턴은 40가지입니다.

(4×31)+(4×35)+40=304(가지)입니다.

1 − 2 − 6가지	2 − 1 − 4가지	5 − 1 − 4가지
4 − 6가지	3 − 4가지	2 − 6가지
5 − 7가지	4 − 6가지	3 − 4가지
6 − 6가지	5 − 7가지	4 − 6가지
8 − 6가지	6 − 6가지	6 − 6가지
→ 31가지	7 − 4가지	7 − 4가지
	9 − 4가지	8 − 6가지
	→ 35가지	9 − 4가지
		→ 40가지

점 5개를 연결하여 선분이 4개, 직각이 3개 있는 잠금 해제 패턴을 그리면

1, 3, 7, 9번에서 시작해 그릴 수 있는 패턴은 각각 6가지,

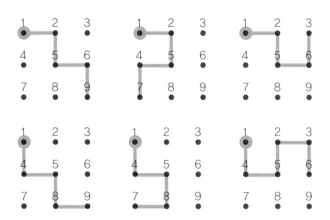

2, 4, 6, 8번에서 시작해 그릴 수 있는 패턴은 각각 4가지,

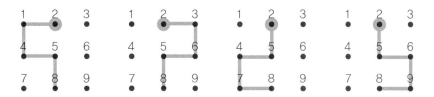

5번에서 시작해 그릴 수 있는 패턴은 없습니다.

따라서 만들 수 있는 잠금 해제 패턴의 개수는

$(4 \times 6) + (4 \times 4) = 40$(개)입니다.

자동차 번호판의 개수

사람에게 이름이 있듯이 자동차에도 자동차를 구분하기 위해 번호판이 있습니다.

12 가 3456

우리나라 자동차 번호판은 보통 '12가 3456'과 같이 7자리의 숫자와 한글 문자로 이루어져 있습니다. 7자리 번호판에서 앞자리 숫자 2개는 차량의 종류를 구분합니다. 일반 승용차는 01~69, 승합차는 70~79, 화물차는 80~97, 특수차는 98~99를 사용합니다. 가운데 한글 문자는 차량의 용도를 나타냅니다. 일반 승용차는 '가~마, 거~저, 고~조, 구~주'를 사용하고, 영업용 일반은 '바, 사, 아, 자'를, 영업용 렌터카는 '허, 하, 호'를, 영업용 택배는 '배'를 사용합니다. 뒷자리 숫자 4개는 차량의 일련번호로 1000~9999까지의 숫자를 사용합니다.

그런데 이렇게 7자리로 이루어진 자동차 번호판 중 일반 승용차 번호판을 모두 사용하여 2019년 9월 1일부터 '123가 4568'과 같이 8자리 번호판으로 바뀌었습니다.

123 가 4568

정답
134쪽

2019년 국토교통부는 일반 승용차 번호판의 앞자리 숫자를
두 자리에서 100~699의 세 자리로 변경하고, 뒷자리 숫자를
0100~9999로 변경하였습니다. 8자리 번호판 중 일반 승용차에
사용할 수 있는 번호판의 개수를 모두 구하면 몇 자리 수일까요?

앞자리 숫자 3개와 뒷자리 숫자 4개로
만들 수 있는 번호판 숫자를 조합을 모두 찾아보세요.

답을 구하기 어렵다면 다음 페이지의 **힌트를 참고하여 다시 도전!**

현재 우리나라 자동차 번호판은 '12가 3456'과 같이 7자리의 숫자와 한글 문자로 이루어져 있습니다.

12 가 3456

Q1. 7자리 자동차 번호판에서 일반 승용차의 앞자리 숫자 2개는 01~69까지 사용합니다. 일반 승용차의 앞자리 수는 모두 몇 개일까요?

01, 02, … , 68, 69까지이므로 총 개수는 69+1-1=69(개)입니다.

Q2. 7자리 자동차 번호판에서 일반 승용차의 가운데 한글 문자는 가~마, 거~저, 고~조, 구~주를 사용합니다. 일반 승용차의 가운데 한글 문자는 모두 몇 개일까요?

가, 나, 다, 라, 마, 거, 너, 더, 러, 머, 버, 서, 어, 저, 고, 노, 도, 로, 모, 보, 소, 오, 조, 구, 누, 두, 루, 무, 부, 수, 우, 주
총 32개입니다.

Q3. 7자리 자동차 번호판에서 일반 승용차의 뒷자리 숫자 4개는 1000~9999까지 사용합니다. 일반 승용차의 뒷자리 수는 모두 몇 개일까요?

1000, 1001, … , 9998, 9999까지이므로
총 개수는 9,999-1,000+1=9,000(개)입니다.

Q4. 7자리 자동차 번호판 중 일반 승용차에 사용할 수 있는 번호판은 모두 몇 개일까요?

69×32×9,000=19,872,000(개)입니다.

새로운 번호판은 모두 8자리로, '123가 4567'과 같이 8자리의 숫자와 한글 문자로 이루어져 있습니다.

$$\boxed{\textbf{123 가 4568}}$$

일반 승용차의 앞자리 숫자 3개는 100~699까지 사용하므로
총 개수는 699－100＋1＝600(개)입니다.

일반 승용차의 가운데 한글 문자는 가~마, 거~저, 고~조, 구~주를 사용하므로
가, 나, 다, 라, 마, 거, 너, 더, 러, 머, 버, 서, 어, 저, 고, 노, 도, 로, 모, 보, 소, 오,
조, 구, 누, 두, 루, 무, 부, 수, 우, 주
총 32개입니다.

일반 승용차의 뒷자리 숫자 4개는 0100~9999까지 사용하므로
총 개수는 9,999－100＋1＝9,900(개)입니다.

8자리 자동차 번호판 중 일반 승용차에 사용할 수 있는 번호판의
총 개수는 600×32×9,900＝198,080,000(개)입니다.
따라서 세 자리 번호판 중 일반 승용차에 사용할 수 있는
번호판의 개수는 9자리 수입니다.

양팔저울에 추를 올리는 방법

다음과 같이 양팔저울과 질량이 서로 다른 10개의 추가 있습니다. 양팔저울이 쓰러지지 않게 추를 한 개씩 저울에 올리려고 합니다.

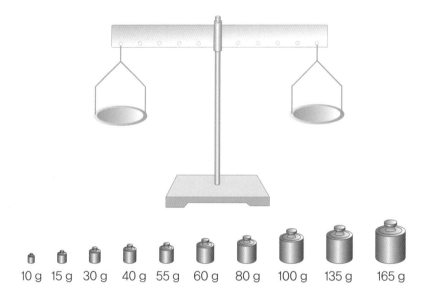

10 g	15 g	30 g	40 g	55 g	60 g	80 g	100 g	135 g	165 g

양팔저울에 추를 올리는 조건

① 저울 한쪽 접시에 올려놓을 수 있는 최대 질량은 200 g 미만이다.
② 저울은 양쪽 접시의 질량 차이를 최대 50 g까지 견딜 수 있다.
  양쪽 접시의 질량 차이가 50 g이 넘으면 저울이 쓰러진다.
③ 추는 한 개씩 올릴 수 있으며, 접시 및 저울의 질량은 무시한다.
④ 추를 양쪽에 번갈아 가며 올릴 필요는 없다.

정답 134쪽

양팔저울이 쓰러지지 않게 최소 횟수로 최대한 많은 추를 접시에 올릴 수 있는 방법을 찾으려고 합니다. 최소 횟수와 사용한 추의 최대 개수의 합은 얼마일까요?

조건에 맞춰 최대한 많은 추를 접시에 올릴 때 10개의 추 중 사용할 수 없는 추를 찾아보세요.

답을 구하기 어렵다면 다음 페이지의 **힌트를 참고하여 다시 도전!**

Q1. 양쪽 접시 위에 추를 최대한 많이 올릴 때 10개의 추 중에서 사용할 수 없는 추는 어느 것일까요?

저울 한쪽 접시에 올릴 수 있는 최대 질량이 200 g 미만므로

양쪽 접시에 올리는 추의 질량의 합은 400 g을 넘을 수 없습니다.

$10+15+30+40+55+60+80+100+135+165=690(g)$

$10+15+30+40+55+60+80+100+135=525(g)$

$10+15+30+40+55+60+80+100=390(g)$

따라서 양쪽 접시 위에 추를 최대한 많이 올릴 때 165 g과 135 g의 추를 사용하면 전체 질량이 400 g이 넘게 되므로 사용 할 수 없습니다.

Q2. 양쪽 접시의 질량의 합이 각각 200 g 미만이 되도록 왼쪽과 오른쪽 접시에 올릴 수 있는 추를 묶어보세요.

양팔저울은 양쪽 접시의 질량 차이를 최대 50 g까지만 견딜 수 있고, 추를 한 개씩 올릴 수 있으므로 100 g 추까지 사용할 수 있습니다.

따라서 왼쪽과 오른쪽 접시에 올려놓을 수 있는 추는 다음 표와 같습니다.

방법	왼쪽 접시에 올리는 추의 질량(g)	오른쪽 접시에 올리는 추의 질량(g)
1	$10+30+55+100=195$	$15+40+60+80=195$
2	$10+30+40+55+60=195$	$15+80+100=195$
3	$10+15+30+60+80=195$	$40+55+100=195$

양팔저울이 쓰러지지 않게 추를 올리는 방법은 다음과 같습니다.

방법 1

횟수	왼쪽 접시 추의 질량(g)	오른쪽 접시 추의 질량(g)
1	30	–
2	30	80
3	30+100 =130	80
4	30+100 =130	80+60 =140
5	30+100 +55 =185	80+60 =140
6	30+100 +55 =185	80+60 +40 =180
7	30+100 +55 =185	80+60 +40+15 =195
8	30+100 +55+10 =195	80+60 +40+15 =195

방법 2

횟수	왼쪽 접시 추의 질량(g)	오른쪽 접시 추의 질량(g)
1	10	–
2	10	15
3	10+55 =65	15
4	10+55 =65	15+100 =115
5	10+55 +60 =125	15+100 =115
6	10+55 +60+40 =165	15+100 =115
7	10+55 +60+40 =165	15+100 +80 =195
8	10+55 +60+40 +30 =195	15+100 +80 =195

방법 3

횟수	왼쪽 접시 추의 질량(g)	오른쪽 접시 추의 질량(g)
1	30	–
2	30	40
3	30+60 =90	40
4	30+60 =90	40+100 =140
5	30+60 +80 =170	40+100 =140
6	30+60 +80 =170	40+100 +55 =195
7	30+60 +80+15 =185	40+100 +55 =195
8	30+60 +80+15 +10 =195	40+100 +55 =195

이 외에 다른 방법으로도 추를 올릴 수 있습니다.

방법 1~3 모두 양팔저울이 쓰러지지 않게 추를 올릴 수 있습니다.
방법 1~3 모두 추를 올려놓는 횟수는 8번이고 올리는 추의 개수는 8개이므로
최소 횟수와 사용한 추의 최대 개수의 합은 8+8=16입니다.

Congratulations!
Escape Success!

규칙성과 문제해결

신나는 수학 방탈출

THE END

MEMO

신나는
수학
방탈출